工程建设标准宣贯培训系列丛书

钢结构工程施工质量验收标准
宣贯培训教材

——依据 GB 50205—2020 编写

标准编制组　组织编写

中国建筑工业出版社

图书在版编目（CIP）数据

钢结构工程施工质量验收标准宣贯培训教材——依据
GB 50205—2020编写/标准编制组组织编写. —北京：
中国建筑工业出版社，2018.8
（工程建设标准宣贯培训系列丛书）
ISBN 978-7-112-22321-3

Ⅰ.①钢…　Ⅱ.①标…　Ⅲ.①钢结构-建筑工程-工程
验收-建筑规范-中国-教材　Ⅳ.①TU391.03-65

中国版本图书馆CIP数据核字（2018）第123648号

＊　　＊　　＊

本书为标准编制组编写的《钢结构工程施工质量验收标准》的宣贯培训教材。本书内容共三部分：第一部分《钢结构工程施工质量验收标准》内容要点说明；第二部分编制概况；第三部分欧盟（英国）标准钢结构施工偏差。

本书适合于从事钢结构工程的人员参考使用。

＊　　＊　　＊

责任编辑：张　磊　何玮珂
责任校对：李欣慰

工程建设标准宣贯培训系列丛书
钢结构工程施工质量验收标准宣贯培训教材
——依据 GB 50205—2020 编写
标准编制组　组织编写
＊
中国建筑工业出版社出版、发行（北京海淀三里河路9号）
各地新华书店、建筑书店经销
北京红光制版公司制版
北京建筑工业印刷厂印刷
＊
开本：787×1092毫米　1/16　印张：12½　字数：307千字
2020年6月第一版　　2020年6月第一次印刷
定价：**58.00**元
ISBN 978-7-112-22321-3
（32196）
版权所有　翻印必究
如有印装质量问题，可寄本社退换
（邮政编码 100037）

本书编委会

主编： 侯兆新

编委：

贺贤娟	何乔生	马德志	张秀湘	何文汇
李明瑞	贺明玄	刘　毅	刘景凤	周观根
陈水荣	马德志	石永久	杨强跃	顾思民
王立军	周建锋	董晓辉	王　宏	庞京辉
严洪丽	马荣全	乔聚甫	顾晓付	陈桥生
任自放	郭剑云	王汉武	张连杰	尹维强
詹　协	王建平	钱卫军	廖功华	李忠卫
陈振明	邱林波	龚　超	刘晓刚	张泽宇
殷小珠	齐金萍	陈宗科	王月栋	姚志东

前　　言

　　《钢结构工程施工质量验收标准》GB 50205—2020 将于 2018 年 8 月 1 日起正式实施。在新版的《钢结构工程施工质量验收标准》修订过程中，编制组进行了广泛的调查研究，总结了国家标准《钢结构工程施工质量验收规范》GB 50205—2001 实施以来的工程实践经验，开展了多项专题研究，参考和借鉴了国内外相关的技术标准，并与钢结构设计、质量验收等相关标准进行了协调。同时，结合国家标准《建筑工程施工质量验收统一标准》GB 50300 修订工作，同步进行了全面修订和完善。

　　本次修订的主要技术内容是：1. 调整了章节的安排；2. 将单层钢结构安装工程和多层及高层钢结构安装工程合并单、多高层钢结构安装工程；3. 将钢网架结构安装工程调整为空间结构安装工程，增加了钢管桁架结构内容。4. 增加了预应力钢索和膜结构工程内容；5. 增加了钢结构钢材进场验收见证检测方法；6. 增加了装配式金属屋面系统抗风压、风吸性能检测的内容和方法，对钢结构金属屋面系统安全性能进行检测和验收；7. 增加了油漆类防腐涂装工艺评定的内容和方法，强化钢结构涂装施工质量的控制和验收；8. 增加了钢结构工程计量基本原则及方法，完善钢结构工程竣工验收方面的内容；9. 将钢材进入加工现场时分别按钢板、型钢、铸钢件、钢棒、钢索进行验收，将膜结构材料纳入进场验收内容；10. 将有关允许偏差项目表格改入条文中；11. 在钢零件及钢部件加工分项工程中完善了冷成型和热成型加工的最小曲率半径及铸钢节点加工等；12. 在钢构件组装分项工程中增加并完善了部件拼接等内容，将工厂拼料环节纳入质量控制和验收中；13. 将钢结构安装分项工程按照基础、柱、梁及桁架、节点、支撑次序进行排列，增加了钢板剪力墙；14. 完善了压型金属板分项工程的节点构造和屋面系统；15. 钢结构在涂装分项工程中强化了钢材表面处理和涂装工艺评定的内容；16. 在钢结构分部工程竣工验收中，修改了有关安全及功能的检验和见证检测项目，增加了钢结构工程量计量原则和方法。

　　本书作为一种辅助性教材，具有较强的针对性、指导性和补充性的特点。为了更好地配合标准，使设计、施工、监理和建设等单位的有关人员在使用时能正确理解和执行标准的内容，而编写此书。本书内容上作了以下安排：第一部分主要对标准相应章节的主要条款进行要点说明和应用补充；第二部分主要介绍标准编制背景、编制过程、专题试验论证及标准的重要意义；第三部分欧盟（英国）标准钢结构施工偏差。

　　本书的编写凝聚了所有参编人员的集体智慧，是大家辛苦的付出才得以完成。编写过程中，始终得到了住房和城乡建设部标准定额司的指导和支持。在此深表感谢。

　　由于时间仓促，本书难免有不足和错误之处，敬请读者给予指正为盼。

国家标准《钢结构工程施工质量验收标准》GB 50205—2020 编制组

目　　录

第一部分 《钢结构工程施工质量验收标准》内容要点说明

1 总　则

1.0.1 为加强建筑工程质量管理，统一钢结构工程施工质量的验收，保证钢结构工程质量，制定本标准。

【要点说明】

本条是本标准编制的目的，是为了统一钢结构工程施工质量的验收方法、程序和质量指标，保证钢结构工程施工质量。本标准是以现行国家标准《建筑工程施工质量验收统一标准》GB 50300 为基础，结合钢结构工程特点而编制的。

1.0.2 本标准适用于工业与民用建筑及构筑物的钢结构工程施工质量的验收。

【要点说明】

本条是本标准的适用范围，含建筑工程中的单层、多层、高层钢结构、钢管桁架结构、网架结构、索膜结构及金属压型板钢结构工程施工质量验收。组合结构、地下结构中的钢结构可参照本标准进行施工质量验收。对于其他行业标准没有包括的钢结构构筑物，如钢水塔、钢烟囱、通廊、照明塔架、管道支架、跨线过桥等也可参照本标准进行施工质量验收。

1.0.3 本标准应与现行国家标准《建筑工程施工质量验收统一标准》GB 50300 配套使用。

【要点说明】

根据现行国家标准《建筑工程施工质量验收统一标准》GB 50300 规定，一个建设工程的验收分为：分项工程检验批、分项工程、分部工程、单位工程进行验收。而根据《建筑工程质量验收统一标准》GB 50300 规定钢结构工程划分为分部工程。本标准按其规定只涉及钢结构分部工程中的分项工程检验批，分项工程、分部工程的验收内容。而单位工程的验收内容，以及施工质量验收的划分、验收的方法、验收的组织和程序等都提出了原则性的规定。本标准对此不再重复，只强调将统一标准和本标准配套使用，才能完整地完成验收工作。

1.0.4 钢结构工程施工质量的验收除应符合本标准外，尚应符合国家现行有关标准的规定。

【要点说明】

本标准是验收标准，但是钢结构工程涵盖工业与民用建筑面广，涉及的各专业规范和标准也多，主要有《钢结构设计规范》GB 50017、《建筑抗震设计规范》GB 50011、《钢结构焊接规范》GB 50661、《钢结构工程施工规范》GB 50755、《工业建筑防腐蚀设计规范》GB 50046、《钢结构防火涂料》GB 14907。所以钢结构工程施工质量,除按本标准规定执行外,还应同时执行国家现行其他相关标准的规定。

2 术语和符号

2.1 术语(内容为 2.1.1～2.1.19)

【要点说明】

本标准共结合了 19 个有关钢结构工程施工质量验收方面的特定术语,再加上现行国家标准《建筑工程施工质量验收统一标准》GB 50300 中给出的 17 个术语,这些术语都是从钢结构工程施工质量验收的角度赋予其含义的,但含义不一定是术语的定义。本规范给出了相应的推荐性英文术语,该英文术语也不一定是国际上的标准术语,仅供参考。

2.2 符号

【要点说明】

本标准给出了 22 个符号,并对每一个符号给出了定义,这些符号都是本标准中各章节中所引用的。

3 基 本 规 定

3.0.1 钢结构工程施工单位应有相应的施工技术标准、质量管理体系、质量控制及检验制度,施工现场应有经审批的施工组织设计、施工方案等技术文件。

【要点说明】

本条规定从事钢结构工程施工企业的相关管理的要求,强调规范管理。

要求对建筑活动全过程的监督管理,维护公共利益和建筑市场秩序,保障建设工程质量和安全。

为规范项目施工技术管理,企业应有自己的技术标准,该标准应是企业施工的依据,是保证国家标准贯彻落实的基础,要求其质量标准不低于国家标准及行业标准,从事钢结构的施工企业至少应具有下列企业技术标准:

(1) 钢结构工程工艺标准、施工工法、操作规程等;

(2) 钢结构工程试验方法标准和现场检测方法标准等;

(3) 施工质量验收标准,和"强调"的执行等。

鼓励和支持企业编制自己的企业技术标准,企业在编制标准中能更好地结合本企业的技术特点和资质优势,不但具有可操作性和针对性强,同时为创造自己的企业品牌提供技术支撑。暂时无能力制订企业标准的可以吸收国家标准、行业标准、地方标准等,吸取适合本企业的特点,形成本企业标准,作为过渡性标准直接引用。

根据《中华人民共和国建筑法》《建筑工程质量管理条例》的要求,贯彻"谁施工谁负责"的精神,本规范要求从事钢结构施工企业必须具有健全的质量管理体系,推行施工全过程质量控制,根据现行国家标准《工程建设施工企业质量管理规范》GB/T 50430 的规定,建筑施工企业应对质量管理体系进行策划,其涵盖的质量管理内容包括:

质量方针和目标管理;组织机构和职责;人力资源管理;施工机具管理;投标及合同

管理；建筑材料、构配件和设备管理；分包管理；工程项目施工质量管理；施工质量检查与验收；工程项目交付使用后的服务；质量管理自查与评价；质量信息管理和质量管理改进等。

　　为规范项目施工技术管理，确保施工安全和质量。钢结构工程实施前，施工单位应该完成钢结构施工组织设计、专项施工方案等技术文件的编制，且必须经施工单位技术负责人审批，并按规定报监理工程师或业主代表确认。钢结构施工组织设计一般包括：编制依据、工程概况、资源配置、进度计划、施工平面布置、主要施工方案、施工质量保证措施、安全保证措施及应急预案、文明施工及环境保护措施、季节施工措施、夜间施工措施等内容。也可根据工程实际情况对上述内容进行取舍。专项施工方案，针对施工组织设计中部分内容进行细化，用此直接指导施工，需编制的专项方案有：安全专项方案、焊接设施专项方案、加固专项方案、特殊部位施工（如连廊整体提升）等，可根据具体情况进行增减。

3.0.2　钢结构工程施工质量的验收，必须采用经计量检定、校准合格的计量器具。钢结构工程见证取样送样应由检测机构完成。

　　【要点说明】

　　钢结构工程施工质量验收所使用的计量器具根据计量法规定的，定期计量检验合格，且在检验有效期内使用。

　　不同的计量器具，有不同的使用要求。同一件量器具，在不同使用状况下，测量精度也可不同。因此计量器具的使用应严格按有关规定正确操作和使用。对于使用频率较高的计量器具，企业应定期进行计量标定，随时校正。

　　见证取样送样检测一般由监理工程师或业主技术人员全程参与见证取样送样，检测是第三方检测，当检测结果与施工单位自检结果不一致时，见证检测结果可起仲裁作用。所以钢结构工程见证取样送样检测应由具相应资质的检测机构进行，施工单位可委托施工所在地具有 CMA 或 CNAS 资质的检测机构进行检测，建设单位可委托工程所在地具有建设行业主管部门资质的检测机构进行。

3.0.3　钢结构工程施工中采用的工程技术文件、承包合同文件等对施工质量验收的要求不得低于本标准的规定。

　　【要点说明】

　　钢结构设计图、钢结构施工详图、现场联系确认单、施工组织设计及其配套的专项施工方案等技术文件，以及工程承包合同等都是钢结构工程施工的重要文件，也是制定工程施工组织设计的依据，同时也是钢结构工程施工质量验收的基本依据。在市场经济中工程承包合同中有关工程质量的要求具有法律效应，合同文件中有关工程质量的约定也是工程验收的依据之一。因此，合同文件的规定只能高于本标准的规定，而本标准的规定是钢结构工程施工质量最低和最基本的要求。是合格与否的分界线。从保障和提高钢结构工程施工质量的角度出发，本标准要求承包的合同技术文件施工质量应不低于本标准的规定。

3.0.4　钢结构工程应按下列规定进行施工质量控制：

　　1　采用的原材料及成品应进行进场验收。凡涉及安全、功能的原材料及成品应按本标准 14.0.2 规定进行复验，并应经监理工程师（建设单位技术负责人）见证取样送样；

　　2　各工序应按施工技术标准进行质量控制，每道工序完成后应进行检查；

3 相关各专业之间，应进行交接检验，并经监理工程师（建设单位技术负责人）检查认可。

【要点说明】

本条是强调施工过程的质量控制，也是本标准验收方面质量的重点之一。

对原材料、成品，需要进场验收，对产品出厂合格证和订货合同逐项检查，留有书面记录和专人签字，未经检验或达不到要求的不得进场，凡涉及安全、使用功能的相关产品，应按相关专业工程质量验收规范进行复检（如防火涂料），复验时，其批量的划分、试样的数量抽样方法、质量指标等应按该产品标准规定进行。

住房和城乡建设部《房屋建筑工程和市场基础设施工程实行见证取样和送样的规定》（建建〔2000〕211号）文规定：见证取样送样是为加强工程质量管理的重要举措。《规定》明确施工过程中，见证人员应按照见证取样和送样计划对施工现场的取样送样进行见证，旨在通过见证这一管理手段，保证取样送样两个过程的真实性。一般见证人员为监理工程师或建设单位技术人员，见证分取样和送样两个阶段，见证内容如下：

（1）取样阶段：见证取样过程的真实性，包括取样地点、部位，取样方法、抽样频率、部分样品的外观特征（颜色、规格、外形、状态等）试样数量、试样制取、试样标识、存放方式和地点等；

（2）送样阶段：见证可间接或直接参与送样过程，间接参与送样是指见证人对所取的样在试样或包装上作出标记，封样的过程进行监督，并附有双方签字，试样从取样现场运至检测机构的过程仅有施工单位送检人员完成，直接参与送检则是见证人协同送检人一起完成送检全过程。

工序检验，按各施工企业制订的技术标准，进行过程质量控制，推荐采用"三关制"的质量控制方法："一是控制关"，企业按工序的工艺流程建立控制关，即将工艺流程中能检查的关，提出控制措施进行控制，使工艺流程的每个关在操作中都能达到质量控制要求；"二是检查关"，从工艺流程控制关中找出比较重要的控制关，进行检查，一方面能查看其控制措施落实情况，另一方面对其质量指标进行测量，检查其数据是否符合规范要求；"三是完成关"，对一些重要的控制关和检查关进行全面检查，凡能反映该工序质量的指标，都检查和检验，这种检查可以是生产班组自检、专职质量员认可，也可以是专职质量检查员自行检查。

交接检验，各工序或各专业工种之间应进行交接检验，确认此道工序施工质量，也为后道工序提供良好工作条件，留有交接记录，并应经监理工程师签字认可，不仅满足规范要求，分清责任，质量可追溯。

3.0.5 钢结构工程施工质量验收在施工单位自检合格的基础上，按照检验批、分项工程、分部（子分部）工程分别进行验收，钢结构分部（子分部）工程中分项工程划分，应按现行国家标准《建筑工程施工质量验收统一标准》GB 50300的规定执行。钢结构分项工程应由一个或若干检验批组成，其各分项工程检验批应按本标准的规定进行划分，并应经监理（或建设单位）确认。

【要点说明】

现行国家标准《建筑工程施工质量验收统一标准》GB 50300规定，工程质量验收是在施工单位自检合格的基础上，且施工单位对自检中发现的问题已完成整改，这是验收的前提条件。验收按照检验批、分项工程、分部（子分部）工程进行。一般来说，钢结构作为主体结构时属于分部工程、对大型钢结构工程可按空间刚度单元划分为若干个子分部工程；当主体结构含钢筋混凝土结构、砌体结构时，钢结构就属于子分部工程；钢结构分项工程是按照主要工种、材料、施工工艺等进行划分。每一个分项工程又划分成若干检验批进行验收，检验批还有助于及时纠正施工中出现的质量问题，将质量隐患尽快消除，确保工程质量，体现质量过程控制，也符合施工实际需要，有利于验收工作的操作。

钢结构分项工程检验批划分可遵循以下原则：

（1）单层钢结构按变形缝划分；

（2）多层及高层钢结构按楼层或施工段划分；

（3）压型金属板工程可按屋面、墙板、楼面划分；

（4）对于原材料及成品进场时的验收，可以根据工程规模及进料实际情况合并或分解检验批。

检验批是本标准最小验收单元，也是最重要和最基本的验收工作内容。分项工程、（子）分部工程乃至单位工程的验收，都是建立在检验批验收合格的基础上。

一般施工前，施工单位需制定分项工程检验批的划分方案，并报监理单位审核，也可作为施工组织设计的一项内容。

3.0.6 检验批合格质量标准应符合下列规定：

1 主控项目必须满足本标准质量要求；

2 一般项目其检验结果应有80%及以上的检查点（值）满足本标准的要求，且最大值（或最小值）不应超过其允许偏差值的1.2倍。

【要点说明】

检验批是工程验收的最小单位，是分项、分部、单位工程质量验收的基础。检验批的验收包括两个方面：资料检查；主控项目和一般项目检验。

质量控制资料反映了检验批从原材料到最终验收时各施工工序的操作依据，检查情况以及保证质量所必需的管理制度等。对其完整性的检查，实际是对过程控制的确认，是检验批合格的前提。

检验批的合格与否主要取决于对主控项目和一般项目的检验结果。主控项目是对检验批的基本质量起决定性影响的项目，因此必须全部符合本标准的规定。这意味着主控项目不允许有不符合规范要求的检验结果。鉴于主控项目对建筑工程的基本质量具有决定性影响，必须从严要求，即主控项目的检查，具有质量一票否决权；一般项目，是指对施工质量不起决定性作用的检验项目，虽然允许存在一定数量的不合格点，但如果不合格点的指标与合格要求偏差较大或存在严重缺陷时，仍将影响使用功能或感观要求，同时考虑到钢结构对缺陷的敏感性，本条对一般偏差项目设定了1.2倍允许偏差限值的门槛值。

为使检验批的质量符合安全和功能的基本要求，保证工程质量，本标准对检验批的主控项目，一般项目的合格质量给予明确的规定。

3.0.7 分项工程合格质量标准应符合下列规定：

1 分项工程所含的各检验批均应满足本标准质量要求；

2 分项工程所含的各检验批质量验收记录应完整。

【要点说明】

每一分项工程是由若干检验批组成，所以分项工程的验收是在检验批的基础上进行。一般情况下，两者只有相同或相近的性质，只是批量的大小不同而已。因此，将有关的检验批汇集便构成分项工程验收。由此，分项工程的合格质量条件相对简单，只要构成各分项工程的各检验批的验收资料文件完整，并且均已验收合格，则分项工程验收合格。

3.0.8 当钢结构工程施工质量不符合本标准规定时，应按下列规定进行处理：

1 经返修或更换构（配）件的检验批，应重新进行验收；

2 经法定的检测单位检测鉴定能够达到设计要求的检验批，应予以验收；

3 经法定的检测单位检测鉴定达不到设计要求，但经原设计单位核算认可能够满足结构安全和使用功能的检验批，可予以验收；

4 经返修或加固处理的分项、分部工程，仍能满足结构安全和使用功能要求时，可按处理技术方案和协商文件进行验收；

5 通过返修或加固处理仍不能满足安全使用要求的钢结构分部工程，严禁验收。

【要点说明】

本条给出了当质量不符合要求时的处理方法。一般情况下，不符合要求的现象在最基层的验收单元——检验批时应发现并及时处理，否则将影响后续检验批和相关的分项工程、（子）分部工程的验收。因此，所有质量隐患必须尽快消灭在萌芽状态（检验批），这也是本标准强化验收促进过程控制原则的体现。非正常情况下的处理分以下四种情况：

第一种情况，在检验批验收时，其主控项目或一般项目不能满足本标准规定时，应及时进行处理。其中：严重的缺陷应返工重做或更换构件；一般的缺陷通过返修、返工予以解决。应允许施工单位在采取相应的措施后重新验收，如此时能符合本标准的规定，则应认为该检验批合格。

第二种情况，当个别检验批发现试件强度、原材料质量等不能满足要求或发生裂纹、变形等问题，且缺陷程度比较严重或验收各方对质量看法有较大分歧而难以协商解决时，应请具有资质的法定检测单位检测，并给出检测结论。当检测结果能够达到设计要求时，该检验批可以通过验收。

第三种情况，经检测鉴定达不到设计要求，但经原设计单位核算，仍能满足结构安全和使用功能的情况，该检验批可予验收。一般情况下，标准给出的是满足安全和功能的最低限度要求，而设计一般在此基础上留有一些余量。不满足设计要求和符合相应规范标准的要求两者并不矛盾。

第四种情况，更为严重的缺陷，或者超过检验批的更大范围内的缺陷，可能影响结构安全和使用功能，在经法定检测单位的检测鉴定后，仍达不到标准的相应要求，即不能满足最低限度的安全储备和使用功能，则必须按一定的技术方案进行加固处理，使之能保证其满足安全使用的基本要求。但已造成了一些永久性的缺陷，如改变结构外形尺寸，影响一些次要的使用功能等。为避免更大的损失，在基本上不影响安全和主要使用功能条件下，可按处理技术方案和协商文件再进行验收，降级使用。但不能作为轻视质量而回避责任的一种出路，这是应该引起注意的。

第五种情况，通过返修或加固处理仍不能满足安全使用要求的钢结构分部工程，严禁验收。

4 原材料及成品验收

4.1 一 般 规 定

4.1.1 钢结构用主要材料、零（部）件、成品件、标准件等产品应进行进场验收。

4.1.2 进场验收的检验批划分原则上宜与各分项工程检验批一致，也可根据工程规模及进料实际情况划分检验批。

【要点说明】

4.1.1、4.1.2 原材料和成品质量直接影响钢结构工程的施工质量，也是施工质量控制、顺序第一个环节。为了从源头上把好质量关，钢结构工程的材料半成品、成品和设备等均需进场验收，验收宜从两方面进行把关：一是对上述物品进场必须进行验收，对照产品出厂合格证和订货合同逐项对照检查，并留有书面记录和本人签字，未经检验或检验达不到要求的不得进场；二是凡涉及安全使用功能的相关产品，应按相关专业工程质量验收规范的规定进行复验，在进行复验时，其批量的划分、试样的数量、抽样方法、质量指标的确定等，都应按有关产品相应的产品标准规定或规范及设计要求进行。

对进场验收的检验批作出统一划分的规定，对个别工程可能会遇到操作上的困难，故本条只说"原则上"一致。这样为具体实施单位赋予了较大自由度，可以根据不同的工程规模和实际情况灵活处理。

4.2 钢 板

Ⅰ 主 控 项 目

4.2.1 钢板的品种、规格、性能应符合国家现行标准的规定并满足设计要求。钢板进场时，应按国家现行标准的规定抽取试件且应进行屈服强度、抗拉强度、伸长率和厚度偏差检验，检验结果应符合国家现行标准的规定。

检查数量：质量证明文件全数检查；抽样数量按进场批次和产品的抽样检验方案确定。

检验方法：检查质量证明文件和抽样检验报告。

【要点说明】

钢材是钢结构构件加工的主要材料，直接影响结构安全使用。所以无论是国内供应的钢板还是进口钢板都应符合设计和标准规定的要求。每批钢板应具有钢厂出具的产品质量证明书。

钢材质量合格验收规定：

1. 全数检查钢材的质量合格证明文件，中文标识及检验报告等，检查钢材的品种、规格、性能等应符合国家现行标准和设计要求。

此项规定是针对所有进场的钢材，含板材、型材、管材、H型钢等，进场的钢材必须具有钢厂（或供应商）出具的质量合格文件（质保书）及检验报告等。

钢材质量保证书是钢材的生产企业对本企业产品质量的承诺，所以在收到质保书后应检查质保书中钢材的品种、规格、性能等，是否符合国家现行标准和设计要求，并应和进场的钢材实物核对一致。具体检查：

（1）质保书上钢材的牌号是否与所订购的牌号一致，钢材质量等级 A、B、C、D 是否一致，主要成分、力学性能是否满足国家现行标准和设计要求，有否缺项；

（2）规格：钢板厚度是否符合设计和订货要求；

（3）重量：质保书上的重量基本上都是大于实际重量；

（4）炉批号：实物的炉批号，应在质保书上有反映。

当钢材并非从钢厂直接采购，而是从经销商处采购，经销商应提供钢厂出具的质量合格证明文件的复印件，并注明原件存放单位和责任人，复印件还应符合下列要求：

（1）注明工程项目名称；

（2）规格、数量、供应时间；

（3）经销商公章（红章）和经办人签字。

以上的检查是针对所有进场的钢材，除上述全数核实对质量合格证明文件外，还应对实物进行抽样复验，其复验结果应符合国家现行产品标准和设计要求。

2. 符合下列六种情况之一的，还应对钢材实物抽样复验：

（1）结构安全等级为一级重要建筑主体结构用钢材；

（2）结构安全等级为二级的一般建筑，当其结构跨度大于 60m 或高度大于 100m 时或承受动力荷载需要验算疲劳的主体结构用钢材；

（3）板厚不小于 40mm，且设计有 Z 向性能要求的厚板；

（4）强度等级≥420MPa 高强度钢材；

（5）进口钢材、混批钢材，或质量证明文件不齐全的钢材；

（6）设计文件或合同文件要求复验的钢材。

对设计提出的建筑结构安全等级，当设计提出的按要求执行，设计未提出时，应按照《建筑结构可靠度设计统一标准》GB 50068 的规定，建筑结构设计时，应根据结构破坏可能产生的后果，危及人的生命，造成经济损失，产生社会影响等的严重性，采用不同的安全等级。建筑结构安全等级的划分应符合表 1-4-1 的要求。

建筑结构安全等级   表 1-4-1

安全等级	破坏后果	建筑物类型
一级	很严重	重要的房屋
二级	严重	一般的房屋
三级	不严重	次要的房屋

注：1. 对于特殊的建筑物，其安全等级可根据具体情况另外确定。

2. 地基基础设计及抗震要求设计时，建筑结构的安全等级符合国家现行有关规范的规定。

建筑物中分类结构的安全等级，宜与整个结构的安全等级相同，其中部分结构物件的安全等级可进行调整，但不得低于三级。

《建筑结构可靠度设计统一标准》GB 50068 规定，建筑结构的安全等级为一级时，其主要受力构件用钢材均应复验。

4.2.2 钢板应按本标准附录 A 的规定进行见证抽样复验,其复验结果应符合国家现行标准的规定并满足设计要求。

检查数量:全数检查。

检验方法:见证取样送样,检查复验报告。

【要点说明】

附录 A 对钢材的进场验收,见证取样送样、检验批检测项目、检验批的量等都作出明确的规定,方便操作实施。附录 A 的钢材是指本章中涉及的钢板、型材(工、槽、角)管材和 H 型钢。

1. 复验检验批量的确定:

引入数理统计概念,钢材检验批量,随工程用钢量大小而变化,也即各个工程检验批量不一定相同,工程用钢量大,检验批量随之而大。见标准附录 A 表 A.0.2。

(1) 确定复验检验批量的标准值:

检验批量的标准值是根据同批钢材的量确定,同批钢材必须满足以下四个"同",即:同一牌号、同一质量等级、同一规格、同一交货条件组成的批才可谓"同批"。

根据建筑用钢的特点,规格多、数量小,对于钢板的厚度规格参照《钢结构设计规范》厚度分组法,将分在同一厚度组内的钢板视作为同一规格。

确定同批钢材量后,根据标准附录 A 表 A.0.2,可以查到实物检验批量的标准值。

(2) 复验检验批量的修正:

对于建筑安全等级为一级,且设计使用年限 100 年的重要建筑用的钢材和钢材强度等级超过 420MPa 的高强钢材,实物检验批量在查标准附录 A 表 A.0.2 标准值的基础上,再乘以 0.85 的修正系数,即:

$$实物检验批量=检验批量标准值\times 0.85$$

2. 钢材复验项目:

每个检验批钢材复验的力学性能(不含设计单独要求的),和取样数量执行标准号见标准附录 A 表 A.0.3。

关于化学成分,分析何种元素等可以根据设计要求或是计算碳当量自行确定化验项目(化学成分)。钢材化学成分的复验属于成品分析(而钢材产品质保书上规定的是熔炼分析),主要采用试样取样法。复验成品分析的取样方法应保证分析试样能代表抽样产品的化学成分平均值。分析试样在化学成分方面应具有良好的均匀性。

Ⅱ 一 般 项 目

4.2.3 钢板厚度及其允许偏差应满足其产品标准和设计文件的要求。

检查数量:每批同一品种、规格的钢板抽检 10%,且不应少于 3 张,每张检测 3 处。

检验方法:用游标卡尺或超声波测厚仪量测。

【要点说明】

钢板可根据其厚度的不同分为薄板(厚度<4mm);中板(厚度 4~25mm);厚板(厚度>25mm),钢带也属钢板类。对钢板的厚度及偏差,应符合产品标准和设计要求,即符合《热轧钢板和钢带的尺寸、外形、重量及允许偏差》GB/T 709 和《冷轧钢板和钢带的尺寸、外形、重量及允许偏差》GB/T 708 的要求。常用钢板和钢带厚度偏差见表1-4-2：

钢板和钢带厚度偏差表　　　　　　　　　　　　　　　　　表 1-4-2

公称厚度 (钢板或钢带) mm	负偏差	>1000~1200	>1200~1500	>1500~1700	>1700~1800	>1800~2000	>2000~2300	>2300~2500	>2500~2600	>2600~2800	>2800~3000	>3000~3200	>3200~3400	>3400~3600	>3600~3800
>13~25	0.8	0.2	0.2	0.3	0.4	0.6	0.8	0.8	1.0	1.1	1.2	—	—	—	—
>25~30	0.9	0.2	0.2	0.3	0.4	0.6	0.8	0.9	1.0	1.1	1.2	—	—	—	—
>30~34	1.0	0.2	0.3	0.3	0.4	0.6	0.9	1.0	1.2	1.3	—	—	—	—	—
>34~40	1.1	0.3	0.4	0.5	0.6	0.7	0.9	1.0	1.2	1.4	—	—	—	—	—
>40~50	1.2	0.4	0.5	0.6	0.7	0.8	1.0	1.1	1.2	1.4	1.5	—	—	—	—
>50~60	1.3	0.6	0.7	0.8	0.9	1.1	1.1	1.3	1.5	1.5	—	—	—	—	—
>60~80	1.8	—	1.0	1.0	1.0	1.0	1.1	1.1	1.1	1.3	1.3	1.3	1.3	1.4	1.4
>80~100	2.0	—	—	1.2	1.2	1.2	1.2	1.3	1.3	1.3	1.4	1.4	1.4	1.4	1.4
>100~150	2.2	—	1.3	1.3	1.3	1.3	1.4	1.5	1.5	1.6	1.6	1.6	1.6	1.6	1.6
>150~200	2.6	—	—	1.5	1.5	1.5	1.6	1.6	1.7	1.7	1.8	1.8	1.8	1.8	1.8

4.2.4 钢板的平整度应满足其产品标准的要求。

检查数量：每批同一品种、规格的钢板抽检10%，且不应少于3张，每张检测3处。

检验方法：用拉线、钢尺和游标卡尺量测。

【要点说明】

钢板的平整度应符合国家标准《热轧钢板表面质量的一般要求》GB/T 14977 的要求。

4.2.5 钢板的表面外观质量除应符合国家现行标准的规定外，尚应符合下列规定：

1 当钢板的表面有锈蚀、麻点或划痕等缺陷时，其深度不得大于该钢材厚度允许负偏差值的1/2，且不应大于0.5mm；

2 钢板表面的锈蚀等级应符合现行国家标准《涂覆涂料前钢材表面处理 表面清洁度的目视评定 第1部分：未涂覆过的钢材表面和全面清除原有涂层后的钢材表面的锈蚀等级和处理等级》GB/T 8923.1 规定的C级及C级以上等级；

3 钢板端边或断口处不应有分层、夹渣等缺陷。

检查数量：全数检查。

检验方法：观察检查。

【要点说明】

本条主要是针对钢板表面的外观质量而言。

1. 在钢板表面有若干凹坑，使钢板表面呈粗糙面，严重时有类似橘子皮状的，形成比麻点大而深的麻斑，影响钢板的厚度和引起腐蚀产生。因此，对麻坑及划痕的深度应予以控制，确保设计厚度要求和构件的承载力。试验表明麻点深度超过0.3mm时，晶界组织有明显变化，而出现抗拉强度值有所下降。

2. 钢材表面的锈蚀等级，指轧制钢材表面被腐蚀的程度。GB/T 8923.1 规定轧制钢材表面腐蚀程度分为四个等级（见表1-4-3），而本条规定钢材表面锈蚀等级必须达到C级及C级以上。

钢材表面锈蚀度等级表 表 1-4-3

A级	钢材表面完全被紧密的轧制氧化皮覆盖，几乎没有什么锈蚀。
B级	钢材表面已开始发生锈蚀，部分轧制氧化皮已经剥落
C级	钢材表面已大量生锈，轧制氧化皮已因锈蚀而剥落，并有少量点蚀
D级	钢材表面已全部生锈，轧制氧化皮已全部脱落，并普遍发生点蚀

从上表可以看出，表面全部生锈的D级钢不能用于工程。

3. 钢材端边或断口的外观质量。夹渣和分层一般在钢材表面观察不到，但是一旦钢材分割后，缺陷表现明显。

夹渣—钢板切割后，在其断面上纵边平行方向呈现出裂缝。一般裂缝是呈灰白色或黑色的粉状物；

分层—发生在钢板断面上，使钢板成层状，很明显有夹渣和分层的钢板不允许用于制作构件。

4.3 型材、管材

Ⅰ 主 控 项 目

4.3.1 型材和管材的品种、规格、性能应符合国家现行标准的规定并满足设计要求。型材和管材进场时，应按国家现行标准的规定抽取试件且应作屈服强度、抗拉强度、伸长率和厚度偏差检验，检验结果应符合国家现行标准的规定。

检查数量：质量证明文件全数检查；抽样数量按进场批次和产品的抽样检验方案确定。

检验方法：检查质量证明文件和抽样检验报告。

【要点说明】

本条文的型材是H型钢、方管、矩形管、工字钢、槽钢和角钢的统称，管材是无缝管和直缝管的统称。

为确保钢结构构件原材料质量，型材和管材进场后应按现行国家标准《钢结构工程施工质量验收标准》GB 50205 的要求进行验收。

全数检查每批型材、管材的质量证明文件：

(1) 检查由厂家出具的质量合格证明文件中的型材、管材的材质牌号、质量等级、化学成分、理化性能等是否满足国家现行产品标准和设计的要求，有否缺项，如有缺项应补验完善；

(2) 检查质量证明文件的有效性、完整性是否符合要求；

(3) 对从钢材市场采购的小批量型材或管材所提供的质量证明文件的复印件或抄件，应盖有复印件（或抄件）单位的公章和经办人的签字。

有关进口钢材：

(1) 国家进出口质量检验部门的商检复验报告，可视同检验报告，但商检报告中的检验项目、内容如不能涵盖设计和合同要求的项目时，应对未涵盖的项目进行抽样复验；

(2) 主要的质量合格证明文件及检验报告应有合法有效的资料。

常用的型钢产品标准：

《热轧 H 型钢和部分 T 型钢》GB/T 11263；

《热轧型钢》GB/T 706；

《热轧槽钢》GB/T 707；

《热轧等边角钢》GB/T 9787；

《热轧不等边角钢》GB/T 9788；

《钢结构用无缝钢管》GB/T 8162；

《直缝电焊钢管》GB/T 13793。

4.3.2 型材、管材应按本标准附录 A 的规定进行抽样复验，其复验结果应符合国家现行标准的规定并满足设计要求。

检查数量：按本标准附录 A 复验检验批量检查。

检验方法：见证取样送样，检查复验报告。

【要点说明】

附录 A 钢材进场验收，见证取样送样，检验批量的划定、检测项目、方法等，同样适用于本条的型材和管材的进场验收。

1. 所有进场的型材和管材的合格验收应按附录 A 中的第 A.0.1 条要求全数核查质量合格证明文件的中文标识，检验报告等型材、管材的品种规格、性能等应符合国家标准和设计要求。具体核查项目和内容参见标准第 4.2.2 条的"要点说明"中钢板进场后的检查。

2. 对于下列情况之一的型材和管材除全数检查质量合格证明文件外，还应对实物进行抽样复验，其复验结果应符合国家标准和设计要求：

（1）结构安全等级为一级的重要建筑主体结构用钢材；

（2）结构安全等级为二级的一般建筑，当其结构跨度大于 60m 或高度大于 100m 时，或承受动力荷载需要验算疲劳的主体结构用钢材；

（3）板厚不小于 40mm，且设计有 Z 向性能要求的厚板；

（4）强度等级≥420MPa 高强度钢材；

（5）进口钢材、混批钢材或质量证明文件不齐全的钢材；

（6）设计文件或合同文件要求复验的钢材。

有关结构安全等级的解释见标准第 4.2.2 条的"要点说明"。

3. 型材复验批量的确定：（1）首先要解决属于"同批"材料的条件。满足以下"四同"要求的型材才能组成"同批"即：同一牌号、同一质量等级、同一规格、同一交货条件。型材规格中，其型式尺寸全相同条件下，只是型材的壁厚有所不同，根据表 A.0.2 把壁厚相近归类放入同一规格里，如 $t=16$mm，以下的可以视为同一壁厚，$t>16\sim40$mm 可以视为一个壁厚，组成同一规格。

（2）根据型材管材的总用量查附录 A 表 A.0.2 得检验批量标准值。

4. 型材的复验项目、取样数量按附录 A 表 A.0.3 执行。

Ⅱ　一　般　项　目

4.3.3 型材、管材截面尺寸、厚度及允许偏差应满足其产品标准的要求。

检查数量：每批同一品种、规格的型材或管材抽检 10%，且不应少于 3 根，每根检测 3 处。

检验方法：用钢尺、游标卡尺及超声波测厚仪量测。

4.3.4　型材、管材外形尺寸允许偏差应满足其产品标准的要求。

检查数量：每批同一品种、规格的型材或管材抽检10%，且不应少于3根。

检验方法：用拉线和钢尺量测。

【要点说明】

型材和管材进场应根据《钢结构工程施工质量验收标准》GB 50205的要求对"型材"和"管材"的截面尺寸厚度及允许偏差进行验收。

无缝钢管的尺寸及外形符合《无缝钢管尺寸、外形、重量及允许偏差》GB/T 17395和《电焊钢管直缝管》GB/T 13793的要求。

常用规格的型钢主要尺寸公差见表1-4-4～表1-4-8。

热轧 I 字钢的尺寸允许偏差　　　　　　　　表1-4-4

型号	允许偏差（mm）		
	高度 h	翼缘宽度 b	腹板厚度 d
≤14	±2.0	±2.0	±0.5
>14～18	±2.0	±2.5	±0.5
>18～30	±3.0	±3.0	±0.7
>30～40	±3.0	±3.5	±0.8
>40～63	±4.0	±4.0	±0.9

注：I 字钢的高度为 h，翼缘宽度为 b，腹板厚度为 d。

热轧 H 型钢的尺寸允许偏差　　　　　　　　表1-4-5

项　目		允许偏差（mm）	图　示
高度 H (mm)	<400	±2.0	
	≥400～<600	±3.0	
	≥600	±4.0	
宽度 B (mm)	<100	±2.0	
	≥100～<200	±2.5	
	≥200	±3.0	
厚度	t_1 (mm)	<5	±0.5	
		≥5～<16	±0.7	
		≥16～<25	±1.0	
		≥25～<40	±1.5	
		≥40	±2.0	
	t_2 (mm)	<5	±0.7	
		≥5～<16	±1.0	
		≥16～<25	±1.5	
		≥25～<40	±1.7	
		≥40	±2.0	
长度	≤7m	$\begin{array}{c}+60\\0\end{array}$	
	>7m	长度每增加1m或不足1m时，正偏差在上述基础上加5mm	

续表

项　目		允许偏差（mm）	图　示
翼缘斜度 T	高度（型号）≤300	T≤1.0%B。但允许偏差的最小值为 1.5mm	
	高度（型号）>300	T≤1.2%B。但允许偏差的最小值为 1.5mm	
弯曲度	高度≤300	≤长度的 0.15%	适用于上下、左右大弯曲
	高度>300	≤长度的 0.10%	
中心偏差 S	高度≤300 且宽度≤200	±2.5	$S=\dfrac{b_1-b_2}{2}$
	高度（型号）>300 或宽度（型号）>200	±3.5	
腹板弯曲度 W	高度（型号）<400	≤2.0	
	≥400~<600	≤2.5	
	≥600	≤3.0	
端面斜度 E		e≤1.6%（H 或 B），但允许偏差的最小值为 3.0mm	

热轧等边角钢的尺寸允许偏差　　　　　　　表 1-4-6

型　号	允许偏差（mm）	
	肢宽 b	肢厚 d
2~5.6	±0.8	±0.4
6.3~9	±1.2	±0.6
10~14	±1.8	±0.7
16~20	±2.5	±1.0

注：等边角钢的肢宽为 b，肢厚度为 d。

热轧不等边角钢的尺寸允许偏差　　　　　　　表 1-4-7

型　号	允许偏差（mm）	
	肢宽 B、b	肢厚 d
2.5/1.6~5.6/3.6	±0.8	±0.4
6.3/4~9/5.6	±1.5	±0.6
10/6.3~14/9	±2.0	±0.7
16/0~20/12.5	±2.5	±1.0

注：不等边角钢的长肢宽为 B，短肢宽为 b，肢厚度为 d。

热轧槽钢的尺寸允许偏差   表 1-4-8

型 号	允许偏差（mm）		
	高度 h	翼缘宽度 b	腹板厚度 d
5～8	±1.5	±1.5	±0.4
>8～14	±2.0	±2.0	±0.5
>14～18		±2.5	±0.6
>18～30	±3.0	±3.0	±0.7
>30～40		±3.5	±0.8

注：槽钢的高度为 h，翼缘宽度为 b，腹板厚度为 d。

4.4 铸 钢 件

Ⅰ 主 控 项 目

4.4.1 铸钢件的品种、规格、性能应符合国家现行标准的规定并满足设计要求。铸钢件进场时，应按国家现行标准的规定抽取试件且应进行屈服强度、抗拉强度、伸长率和端口尺寸偏差检验，检验结果应符合国家现行标准的规定。

　　检查数量：质量证明文件全数检查；抽样数量按进场批次和产品的抽样检验方案确定。

　　检验方法：检查质量证明文件和抽样检验报告。

【要点说明】

　　为保证铸钢节点质量，铸钢件进场后应按现行国家标准《钢结构工程施工质量验收标准》GB 50205 以及《铸钢节点应用技术规程》CECS 235 的要求进行验收。

　　1. 全数检查每批铸件的质量证明文件：

　　（1）检查由厂家出具的质量文件中铸件材料牌号、化学成分和物理性能，碳当量等是否满足设计和《铸钢节点应用技术规程》CECS 235 的要求，有否缺项，缺项应补检验完善；

　　（2）检查质量文件的有效性、完整性是否符合要求。

　　2. 铸钢节点实物检查：

　　（1）外部质量检查，包括表面粗糙度、表面缺陷及清理状态、几何形状，尺寸偏差等。节点的几何形状及尺寸应符合设计图纸和合同要求，对表面粗糙度和表面缺陷应逐个目视检查；

　　（2）内部质量检查，包括化学成分、力学性能以及内部缺陷等。理化性能试块，在节点浇筑过程中，同时浇筑连体试块供检验用。铸钢节点型体类型相似壁厚和重量相近且由同一冶炼炉浇注，并在同一炉做相同热处理，可视为同一性能检验批进行验收。

　　3. 进口铸钢件：

　　（1）国家进出口质量检验部门的商检复验报告，可视为检验报告，但当商检报告中，检验项目、内容不能涵盖设计和合同要求的项目时，应对没涵盖的项目进行抽样复验；

　　（2）主要质量证明文件及检验报告应有有效合法的中文资料。

4.4.2 铸钢件应按本标准附录 A 的规定进行抽样复验，其复验结果应符合国家现行标准的规定并满足设计要求。

　　检查数量：全数检查。

　　检验方法：见证取样送样，检查复验报告。

【要点说明】

　　附录 A.0.4 此项检查是见证取样送样。

　　1. 同一检验批的组成：同一类型构件，同一炉浇筑，同一热处理方法组成检验批。

　　2. 用作检验的试件样坯应在铸钢节点浇注过程中连体浇筑，经和节点同炉热处理后加工成试件二组，其中一组用于出厂检验，另一组随铸钢产品进场见证复验。

　　3. 每批检验项目和试件数量：

　　每批取一个化学成分试件；一个拉伸试件屈服强度、抗拉强度、伸长率；3 个冲击韧性试件（设计要求时）。三个冲击试样的平均值应符合技术条件或合同中的规定，三个试件中有一个试样的值可低于规定值，但不得低于规定值的 70%。

Ⅱ　一　般　项　目

4.4.3 铸钢件及其与其他各构件连接端口的几何尺寸允许偏差应符合国家现行标准的规定并满足设计要求。

　　检查数量：全数检查。

　　检验方法：用钢尺、游标卡尺、角度仪、全站仪等量测。

【要点说明】

　　本条是针对铸钢件和钢杆件的对接，因此要求铸钢件和钢构件的几何形状、外形尺寸及偏差必须一致，保证两种材料的构件对接平滑过渡。确保构件传力平稳。铸钢件几何形状和尺寸偏差的进场验收基本遵照被连接对接的钢构件（《钢结构工程施工质量验收标准》）或设计的要求。

4.4.4 铸钢件表面应清理干净，修正飞边、毛刺，去除补贴、粘砂、氧化铁皮、热处理锈斑、清除内腔残余物等，不应有裂纹、未熔合和超过允许标准的气孔、冷隔、缩松、缩孔、夹砂及明显凹坑等缺陷。

　　检查数量：全数检查。

　　检验方法：观察检查。

【要点说明】

　　此条是铸钢件的表面质量。要求铸钢节点铸造后，表面应清理干净，修正飞边、毛刺、去除补贴、粘砂、氧化铁皮、热处理锈斑及内腔残余物等。

　　当铸钢件有气孔、缩孔、裂纹等内部缺陷时，当缺陷深度在铸件壁厚的 20% 以内且小于 25mm 或需修补的单个缺陷面积小于 65cm² 时，允许进行焊接修补，当缺陷大于等于以上尺寸时，为重大修补，焊补前需经设计同意，并须报专项修补方案，修补后宜重新进行热处理。

4.4.5 铸钢件表面粗糙度、铸钢节点与其他构件焊接的端口表面粗糙度应符合现行产品的规定并满足设计要求。对有超声波探伤要求表面的粗糙度应达到探伤工艺的要求。

检查数量：按批抽检10%，且不应少于3件。

检验方法：用粗糙度计测定。

【要点说明】

铸钢节点浇筑完成后，对节点尺寸及表面精度需通过打磨或机械加工的方法而获得设计要求的尺寸和与其他构件配合的精度，同时为满足涂装和探伤的要求提出对表面粗糙度要求。

为满足防腐涂装的要求，对铸钢件表面的粗糙度作出规定，除涂料有特殊要求外，铸件表面粗糙度一般宜为 $R_a = 25 \sim 50\mu m$。

对铸件需要超声波探伤和焊接的部位，应进行打磨或机械加工，其表面粗糙度宜为 $R_a \leqslant 25\mu m$，铸钢件与其他焊接的连接端口，为保证焊接质量，要求焊接前进行表面打磨，故表面粗糙度应为 $R_a \leqslant 25\mu m$，有超声波探伤要求的，表面粗糙度应达到 $R_a \leqslant 25\mu m$。

4.5 拉索、拉杆、锚具

Ⅰ 主 控 项 目

4.5.1 拉索、拉杆、锚具的品种、规格、性能应符合国家现行标准的规定并满足设计要求。拉索、拉杆、锚具进场时，应按国家现行标准的规定抽取试件且应进行屈服强度、抗拉强度、伸长率和尺寸偏差检验，检验结果应符合国家现行标准的规定。

检查数量：质量证明文件全数检查；抽样数量按进场批次和产品的抽样检验方案确定。

检验方法：检查质量证明文件和抽样检验报告。

【要点说明】

预应力索杆分为拉索和拉杆。拉索由索体和锚具组成，索体可分为钢丝绳束体、钢绞线索体和钢丝索体，拉杆由杆体和锚具组成。

索杆是预应力钢结构的基本结构单元，是组成钢结构构件的材料之一，而锚具起锚固钢索的作用，是一个重要的结构部件。

为保证预应力钢结构原材料质量，索杆材料进场后，应按现行国家标准《钢结构工程施工质量验收标准》GB 50205、《索结构技术规程》JGJ 257—2012、《预应力钢结构技术规程》CECS 212：2006的要求进行验收。

全数检查厂家提供的每批索杆材料的质量证明文件及检验报告：

(1) 检查厂家出具的合格证明文件及检验报告中材料、牌号、规格、质量等级、理化性能等，是否满足设计、材料标准及合同文件的要求。有否缺项，缺项应补检验完善；

(2) 检查质量文件的有效性，完整性是否符合要求。

索杆材料标准：

(1) 索体材料可分为钢丝绳索体、钢绞线索体和钢丝索索体，钢丝绳索体其质量和性能指标应符合《一般用途钢丝绳》GB 20118和《密封钢丝绳》GB/T 5295的规定；钢绞绳索体其质量和性能指标应符合《高强度低松弛预应力热镀锌钢绞绳》GB/T 152和《建筑用不锈钢钢绞线》JC/T 200的规定；钢丝索索体其质量和性能指标应符合《斜拉桥热挤聚乙烯高强钢丝拉索技术条件》GB/T 18365的规定。

（2）杆件材料分为合金钢和不锈钢。合金钢杆件材料应符合《钢拉杆》GB/T 20934 的规定；不锈钢杆件材料应符合《不锈钢冷加工钢棒》GB/T 4226 和《不锈钢棒》GB/T 1220 的规定。

（3）锚具材料应符合《优质碳素结构钢》GB/T 699、《低合金高强度结构钢》GB/T 159、《合金结构钢》GB/T 3077、《不锈钢棒》GB/T 1220 的规定。

进口索杆：

（1）进出口质量检验部门的商检复验报告可视为检验报告，但当商检报告中的检验项目不能涵盖设计和合同要求时，应对没涵盖的项目进行抽样复验；

（2）主要的质量合格证明文件及检验报告应有合法有效的中文资料。

4.5.2　拉索、拉杆、锚具应按本标准附录 A 的规定进行抽样复验，其复验结果应符合现行国家标准的规定并满足设计要求。

检查数量：全数检查。

检验方法：见证取样送样，检查复验报告。

【要点说明】

本规范附录 A.0.5 对拉索、拉杆、锚具的抽样复验作出具体的规定。

1. 对"同批"材料进行定义。"同批"必须具备以下条件：

同批拉索：原材料为同一炉批号、同一轧制工艺及热处理工艺，同一规格的拉索组成同批拉索；

同批拉杆——原材料为同一炉批号，同一轧制和热处理工艺，同一规格拉杆组成；

锚具材料应符合现行国家标准《预应力筋用锚具、夹具和连接器》GB/T 14370 和《预应力筋用锚具、夹具和连接器应用技术规程》JGJ 88 的规定。

同批锚具——锚具原材料为同一炉批号，同一轧制及热处理工艺，同一规格组成的锚具。

2. 规定检验批量

组装数量 50 套件为一检验批（不足 50 套件的也视为一个检验批）。

3. 每个检验批抽检试件量

每个检验批抽检 3 个试件，并按其产品标准要求进行检验。

检验项目和检验方法参照 A.0.3 执行。

Ⅱ　一　般　项　目

4.5.3　拉索、拉杆、锚具及其连接件尺寸允许偏差应符合其产品标准和设计的要求。

检查数量：全数检查。

检验方法：用钢尺、游标卡尺及拉线量测。

4.5.4　拉索、拉杆及其护套的表面应光滑，不应有裂纹和目视可见的折叠、分层、结疤和锈蚀等缺陷。

检查数量：全数检查。

检验方法：观察检查。

【要点说明】

4.5.3　条是索杆的形式尺寸，应按标准及设计要求全数检查。

4.5.4 条是索杆材料和护套的表面质量的要求。

4.6 焊 接 材 料

Ⅰ 主 控 项 目

4.6.1 焊接材料的品种、规格、性能应符合国家现行标准的规定并满足设计要求。焊接材料进场时，应按国家现行标准的规定抽取试件且应进行化学成分和力学性能检验，检验结果应符合国家现行标准的规定。

检查数量：质量证明文件全数检查；抽样数量按进场批次和产品的抽样检验方案确定。

检验方法：检查质量证明文件和抽样检验报告。

【要点说明】

合格的焊接材料是获得良好焊接质量的前提之一，焊材的化学成分和力学性能是影响焊接性能的重要指标。因此焊接的质量必须符合现行相关标准的规定。

焊材的选择必须和主体结构的钢材相匹配，一般采用等强配匹原则，根据所焊的钢材强度等级选择焊材。焊接材料主要包括，焊条、实芯和药芯焊丝、焊剂及各种焊接用气体。

焊接材料进场后，应按国家标准《钢结构工程施工质量验收标准》GB 50205 和《钢结构焊接标准》GB 50661 的要求进行验收。

1. 全数检查每批焊接材料质量合格证明文件，中文标识及检验报告等文件资料和设计要求，其化学成分和力学性能是否符合标准。

2. 检查质量合格证明文件的合法性、有效性及完整性等。

3. 进口焊接材料：

（1）国家进出口质量检验部门的复验商检报告可视为检验报告，但当商检报告中检验项目内容不能涵盖设计和合同要求的项目时，应对未涵盖的项目进行抽检复验。

（2）主要的质量证明文件及检验报告应有合法有效的中文资料。

4.6.2 对于下列情况之一的钢结构所采用的焊接材料应按其产品标准的要求进行抽样复验，复验结果应符合国家现行标准的规定并满足设计要求：

1 结构安全等级为一级的一、二级焊缝；

2 结构安全等级为二级的一级焊缝；

3 需要进行疲劳验算构件的焊缝；

4 材料混批或质量证明文件不齐全的焊接材料；

5 设计文件或合同文件要求复检的焊接材料。

检查数量：全数检查。

检验方法：见证取样送样，检查复验报告。

【要点说明】

由于不同生产批号的焊接材料，质量往往存在一定差异，对于重要结构的一、二级焊缝，受动荷载需要验算疲劳的焊缝，材料混批、质量证明文件不齐全的焊接材料，是本条明确提出的需要复验范围。

复验按批抽查,复验内容、方法和数量按其产品国家标准中的规定执行。一般包括熔敷金属化学成分、力学性能、焊条药皮成分及含水量等。

检验批划分:焊丝宜 5 个批(生产批)组成一个检验批;焊条宜三个批(生产批)组成一个检验批。

Ⅱ 一 般 项 目

4.6.3 焊钉及焊接瓷环的规格、尺寸及允许偏差应符合国家现行标准的规定。

检查数量:按批量抽查 1%,且不应少于 10 套。

检验方法:用钢尺和游标卡尺量测。

4.6.4 施工单位应按国家现行标准《电弧螺柱焊用圆柱头焊钉》GB/T 10433 的规定,对焊钉的机械性能和焊接性能进行复验,复验结果应符合国家现行标准的规定并满足设计要求。

检查数量:每个批号进行一组复验,且不应少于 5 个拉伸和 5 个弯曲试验。

检验方法:见证取样送样,检查复验报告。

【要点说明】

这两条内容涉及焊钉及其配套的瓷环的进场验收。焊钉、瓷环的规格、形式、尺寸和焊接性能都需满足设计和国家标准《电弧螺栓焊用圆柱头焊钉》GB/T 10433 的要求。

按批(厂家的供应批)进行复验,每批复验 5 个拉伸试件、5 个弯曲试验。

焊接瓷环在使用前应按产品说明书规定的烘焙时间和温度进行烘焙。

4.6.5 焊条外观不应有药皮脱落、焊芯生锈等缺陷,焊剂不应受潮结块。

检查数量:按批量抽查 1%,且不应少于 10 包。

检验方法:观察检查。

【要点说明】

焊条、焊剂保管不当,容易受潮,不仅影响操作工艺性能,而且会对接头的理化性能造成不利影响。对于外观不合要求的焊接材料不应在工程中采用,以免留下质量隐患,焊条的储存应有专门的仓库和保管,应做到随用随领。

4.7 连接用紧固标准件

Ⅰ 主 控 项 目

4.7.1 钢结构连接用高强度螺栓连接副的品种、规格、性能应符合国家现行标准的规定并满足设计要求。高强度大六角头螺栓连接副应随箱带有扭矩系数检验报告,扭剪型高强度螺栓连接副应随箱带有紧固轴力(预拉力)检验报告。高强度大六角头螺栓连接副和扭剪型高强度螺栓连接副进场时,应按国家现行标准的规定抽取试件且应分别进行扭矩系数和紧固轴力(预拉力)检验,检验结果应符合国家现行标准的规定。

检查数量:质量证明文件全数检查,抽样数量按进场批次和产品的抽样检验方案确定。

检验方法:检查质量证明文件和抽样检验报告。

【要点说明】

钢结构用高强度螺栓连接副，应按《钢结构用大六角头螺栓、大六角螺母、垫圈技术条件》GB/T 1231 和《钢结构用扭剪型高强度螺栓连接副》GB/T 3632 的标准进行抽样复验，合格后方可使用。

1. 高强度螺栓进场后全数检查由厂家提供的质量合格证明文件：

(1) 检查高强度螺栓的品种、规格、性能等级是否满足标准和设计要求；

(2) 高强度大六角头的扭矩系数或扭剪型高强度螺栓的轴力是否符合设计和标准要求；

(3) 产品是否在保质有效期内，标准规定质保有效期 6 个月。

2. 检验批的划分：

(1) 与高强度螺栓连接分项工程检验批划分一致；

(2) 按高强度螺栓连接副生产厂出厂检验批号，宜不超过 2 批为一个进场验收检验批，且不得超过 6000 套；

(3) 同一材料（性能等级）、炉号、螺纹（直径）规格、长度（直径）、热处理工艺及表面处理工艺的螺栓、螺母、垫圈为同批，分别由同批螺栓、螺母、垫圈组成的连接副为同批连接副。

同一螺栓长度的划分：

当螺栓长度≤100mm 时，长度差 15mm 以内可视为同一长度；

当螺栓长度>100mm 时，长度差 20mm 以内可视为同一长度。

3. 进场螺栓实物验收：

在待安装螺栓中，随机每批抽取 8 套连接副进行复验，其结果应符合《钢结构用大六角头螺栓、大六角螺母、垫圈技术条件》GB/T 1231 或《钢结构用扭剪型高强螺栓连接副》GB/T 3632 的要求。

4.7.2 高强度大六角头螺栓连接副应复验其扭矩系数，扭剪型高强度螺栓连接副应复验其紧固轴力，其检验结果应符合本标准附录 B 的规定。

检查数量：按本标准附录 B 执行。

检验方法：见证取样送样，检查复验报告。

【要点说明】

高强度大六角螺栓连接副进场后应复验其扭矩系数、平均值和标准偏差，本复验为见证取样送样。

《钢结构工程施工质量验收标准》GB 50205 附录 B.0.4 条规定高强度大六角头螺栓扭矩系数复验的规定：

(1) 复验用的螺栓应在待安装的螺栓批中随机抽取；

(2) 每批抽取 8 套连接副进行复验；

(3) 检验方法和结果应符合现行国家标准《钢结构用高强度大六角螺栓、大六角螺母、垫圈技术条件》GB/T 1231 的规定。

扭矩系数及标准偏差应符合表 1-4-9 要求：

高强度大六角头螺栓连接副扭矩系数平均值和标准偏差 表 1-4-9

连接副表面状态	扭矩系数平均值	扭矩系数标准偏差
符合国家现行标准《钢结构用高强度大六角头螺栓、大六角螺母、垫圈技术条件》GB/T 1231	0.11～0.15	≤0.0100

注：每套连接副只做一次试验，不得重复使用，试验时垫圈发生转动，试验无效。

扭剪型高强度螺栓连接副进场后应复验其紧固轴力平均值和标准偏差值。本复验为见证取样送样。

《钢结构工程施工质量验收标准》GB 50205 附录 B.0.2 条对扭剪型高强度螺栓紧固轴力复验进行了规定：

（1）复验用的螺栓应在待安装的螺栓批中随机抽取；

（2）每批抽取 8 套连接副进行复验；

（3）检验方法和结果应符合现行国家标准《钢结构用扭剪型高强度螺栓连接副》GB/T 3632 的规定。

紧固轴力平均值及标准偏差应符合表 1-4-10 要求：

扭剪型高强度螺栓紧固轴力平均值和标准偏差值（kN） 表 1-4-10

螺栓直径（mm）	M16	M20	M22	M24	M27	M30
紧固轴力平均值 P	100～121	155～187	190～231	225～270	290～351	355～430
标准偏差 P_0	≤10.0	≤15.4	≤19.0	≤22.5	≤29.0	≤35.4

注：每套连接副只做一次试验，不得重复使用。试验时垫圈发生转动试验无效。

4.7.3 对建筑结构安全等级为一级或跨度 60m 及以上的螺栓球节点钢网架、网壳结构，其连接高强度螺栓应按现行国家标准《钢网架螺栓球节点用高强度螺栓》GB/T 16939 进行拉力载荷试验。

检查数量：按规格抽查 8 只。

检验方法：用拉力试验机测定。

【要点说明】

结构安全等级为一级跨度≥60m 的网架、网壳结构，不仅是主要的钢结构工程，且杆件受力也大。为确保结构受力满足设计要求、安全和其使用功能，需对其使用的高强度螺栓进行拉力载荷试验。

网架螺栓一般用 40Cr、20MnTiB 钢或其他类似的中低碳合金钢材料制作并经淬火、回火处理后获得所需要的螺栓的抗拉强度。但当螺栓的规格比较大时，钢材渗透性较差，此时，单靠打螺栓硬度不能准确反映螺栓的强度值，所以对重要的结构的网架螺栓应直接做拉力载荷试验来确定。

拉力载荷试验方法和试验结果应符合现行国家标准《钢网架螺栓球节点用高强度螺栓》GB/T 16939 的规定。

拉力载荷试验可以是螺栓实物直接在拉力试验机上进行。当螺栓的规格比较大时，也可在螺栓直径 1/4 处制取标准试棒进行拉力试验，其值均应符合《钢网架螺栓球节点用高强度螺栓》GB/T 16939 的规定。

Ⅱ 一 般 项 目

4.7.4 热浸镀锌高强度螺栓镀层厚度应满足设计要求。当设计无要求时，镀层厚度不应小于 $40\mu m$。

检查数量：按规格抽查 8 只。

检验方法：用点接触测厚计测定。

【要点说明】

钢结构用热浸高强度螺栓，同样应满足《钢结构用高强度大六角头螺栓》GB/T 1228、《钢结构用高强度大六角螺母》GB/T 1229、《钢结构用高强度垫圈》GB/T 1230、《钢结构用高强度大六角头螺栓、大六角螺母、垫圈技术条件》GB/T 1231 规定，保证扭矩系数和标准偏差。镀锌层太厚，制造对高强度螺栓的扭矩系数控制难度增加。反之镀层薄、好生产，扭矩系数好控制，但镀层太薄，防腐功能不能满足，所以本条规定镀层的最小厚度。

4.7.5 高强度大六角头螺栓连接副、扭剪型高强螺栓连接副应按包装箱配套供货。包装箱上应标明批号、规格、数量及生产日期。螺栓、螺母、垫圈表面不应出现生锈和沾染脏物，螺纹不应损伤。

检查数量：按包装箱数抽查 5%，且不应少于 3 箱。

检验方法：观察检查。

【要点说明】

高强度螺栓连接副的生产厂家是按出厂批号包装、供货和提供产品质量证明书的。用户在储存、运输、施工过程中，应严格按批号存放、使用。因为高强度螺栓保质期只有半年，存放程序上应注意，先进的螺栓应先用。不同批号的螺栓、螺母、垫圈不能混杂使用。高强度螺栓连接副为保扭矩系数（或轴力）表面经特殊处理。在使用前应尽可能保持出厂状态，以免扭矩系数或紧固轴力发生变化。

4.7.6 螺栓球节点钢网架、网壳结构用高强度螺栓应进行表面硬度检验，检验结果应满足其产品标准的要求。

检查数量：按规格抽查 8 只。

检验方法：用硬度计测定。

【要点说明】

由于螺栓球网架的螺栓是一杆一栓，其抗拉强度是影响球节点承载力的主要因素之一。而硬度与强度存在一定的对应关系。一般高强度螺栓制作厂在高强度螺栓出厂前做硬度检测。对于结构安全等级为一级，跨度大于 40m 及以上的螺栓球节点网架使用的高强度螺栓应区别对待，按《钢网架球节点用高强度螺栓》GB/T 16939 进行抗力或硬度试验。网架螺栓进场后，对于规格小于等于 M39 的高强度螺栓按《钢网架球节点用高强度螺栓》GB/T 16939 的要求进行抗拉载荷或硬度试验，检测其力学性能，螺栓规格大于 M39 允许用硬度检测代替拉力试验。有异议时，以拉力试验为仲裁。

4.7.7 普通螺栓、自攻螺钉、铆钉、拉铆钉、射钉、锚栓（机械型和化学试剂型）、地脚锚栓等紧固标准件及螺母、垫圈等，其品种、规格、性能等应符合国家现行产品标准的规定并满足设计要求。

检查数量：全数检查。

检验方法：检查产品的质量合格证明文件、中文产品标志及检验报告等。

【要点说明】

本条内容含安装用的临时螺栓普及永久螺栓（普通螺栓），同样系统用的连接件、锚栓等紧固标准件，均应按国家现行标准进行进场验收，全数检查质量合格证明文件，其品种、规格性能等应符合国家现行产品标准和设计要求。

4.8 球 节 点 材 料

Ⅰ 主 控 项 目

4.8.1 制作螺栓球所采用的原材料，其品种、规格、性能等应符合国家现行标准的规定并满足设计要求。

检查数量：全数检查。

检验方法：检查产品的质量合格证明文件、中文产品标志及检验报告等。

【要点说明】

螺栓球的材料一般为45号钢，应符合国家标准《优质碳素结构钢》GB/T 699—2015规定。

螺栓球的标记方法为：BS＋球体外径，例 BS280 表示外径为 280mm 的螺栓球。螺栓球一般用圆钢热锻成型，成型后不允许出现裂纹、褶皱（叠痕）及过烧等缺陷，螺纹应按6H级精度加工，螺栓球尺寸的允许偏差见表1-4-11：

螺栓球尺寸的允许偏差表   表 1-4-11

项目	规格（mm）	允许偏差
球的圆度	$P \leqslant 120$	1.5mm
	$120 < D \leqslant 250$	2.5mm
	$D > 250$	3.5mm
同一轴线上两铣平面行度	$D \leqslant 120$	0.2mm
	$D > 120$	0.3mm
铣平面距中心距离	—	± 0.2mm
相邻两螺孔中心线夹角	—	$\pm 30°$
铣平面与螺栓孔轴线垂直度	—	$0.005r$

注：D 为螺栓球直径，r 为铣平面半径。

螺栓球进场后应按设计及《空间网格技术规程》JGJ 7 全数检查质量合格证明文件和检验报告。

4.8.2 制作封板、锥头和套筒所采用的原材料，其品种、规格、性能等应符合国家现行标准的规定并满足设计要求。

检查数量：全数检查。

检验方法：检查产品的质量合格证明文件、中文产品标志及检验报告等。

【要点说明】

封板、锥头的材质一般同网架杆件材质。套筒一般为45号钢，封板、锥头、套筒进场后其品种、规格、性能等应按设计要求及相关标准进行检查。全数检查产品的质量合格证明文件和检验报告。

对于封板、锥头和套筒外观不得有裂纹、过烧及氧化皮。

4.8.3 制作焊接球所采用的钢板，其品种、规格、性能等应符合国家现行标准的规定并满足设计要求。

检查数量：全数检查。

检验方法：检查产品的质量合格证明文件、中文产品标志及检验报告等。

【要点说明】

焊接空心球一般采用两块钢板热压成半圆球，然后将两半圆球焊接连接成空心球体。根据受力大小，分别采用加劲肋和不加劲肋两种。

不加劲肋焊接空心球标记方法为：WS＋球体外径（mm）＋壁厚（mm），如WS30010则表示，WS为焊接空心球代号，球无加劲肋外径为300mm，球壁厚为10mm。加劲肋焊接空心球标记方法为：WSR＋球体外径（mm）＋壁厚（mm）。如WSR30010则表示：WSR为加劲肋焊接空心球代号，加劲焊接空心球外径为300mm，加劲焊接空心球的壁厚为10mm。

成品球表面应光滑平整，无明显波纹。不应有局部凸起或折皱，局部凹凸不平不大于1.5mm。

焊接球钢板的材质和性能、品种、规格应符合设计和国家现行标准《空间网格结构技术规程》JGJ 7的规定。焊接球允许偏差见表1-4-12：

焊接球允许偏差表   表1-4-12

项目	规格（mm）	允许偏差（mm）
直径	$D \leqslant 300$	±1.5
	$300 < D \leqslant 500$	±2.5
	$500 < D \leqslant 800$	±3.5
	$D > 800$	±4.0
圆度	$D \leqslant 300$	1.5
	$300 < D \leqslant 500$	2.5
	$500 < D \leqslant 800$	3.5
	$D > 800$	4.0
对口错边量	$t \leqslant 20$	1.0
	$20 < t \leqslant 40$	2.0
	$t > 40$	3.0

注：D 为焊接球外径，t 为焊接球的壁厚。

4.9 压型金属板

Ⅰ 主控项目

4.9.1 压型金属板及制作压型金属板所采用的原材料（基板、涂层板），其品种、规格、性能等应符合国家现行标准的规定并满足设计要求。

检查数量：全数检查。

检验方法：检查产品的质量合格证明文件、中文产品标志及检验报告等。

【要点说明】

本条主要指彩色镀层钢板，它主要由金属基板、化学转化膜和有机涂层三部分组成，板厚一般在 0.3～1.5mm 之间。金属板通过不同的轧辊的轧制，加工成各种波型的压型板。

本条是指对压型金属板及其基板的品种、规格、性能等均应符合设计及相关标准要求。全数检查质量合格证明文件（含卷板外包装标签）和检验报告等。

4.9.2 泛水板、包角板、屋脊盖板及制造泛水板、包角板、屋脊盖板所采用的原材料，其品种、规格、性能等应符合国家现行产品标准的规定并满足设计要求。

检查数量：全数检查。

检验方法：检查产品的质量合格证明文件、中文产品标志及检验报告等。

【要点说明】

本条是屋面压型板的零配件，原则上应同屋面压型板同批材料，所以本条要求同 4.9.1 条。

4.9.3 压型金属板用固定支架的材质、规格尺寸、表面质量等应符合国家现行产品标准的规定并满足设计要求。

检查数量：全数检查。

检验方法：检查产品的质量合格证明文件、中文产品标志及检验报告等。

【要点说明】

固定支架的材质宜选与压型金属板同材质的材料，即压型板为钢固定支架也应为钢制品，避免不同金属材料接触时产生电化学腐蚀。

4.9.4 压型金属板用橡胶垫、密封胶及其他材料，其品种、规格、性能等应符合国家现行产品标准的规定并满足设计要求。

检查数量：全数检查。

检验方法：检查产品的质量合格证明文件、中文产品标志及检验报告等。

Ⅱ　一　般　项　目

4.9.5 压型金属板的规格尺寸及允许偏差、表面质量、涂层质量等应符合国家现行产品标准的规定并满足设计要求。

检查数量：每种规格抽查 5%，且不应少于 10 件。

检验方法：基板厚度采用测厚仪测量，涂镀层厚度采用称重法测量。

4.9.6 压型金属板用固定支架应无变形，表面平整光滑，表面无裂纹、损伤、锈蚀。

检查数量：按照检验批或每批进场数量抽取 5% 检查。

检查方法：角尺量和观察检查。

4.9.7 压型金属板用紧固件，表面应无损伤、锈蚀。

检查数量：按照检验批或每批进场数量抽取 5% 检查。

检查方法：观察检查。

4.9.8 压型金属板用橡胶垫、密封胶及其他特殊材料，外观质量应满足其产品标准要求，包装完好。

检查数量：按照每批进场数量抽取 10％检查。

检查方法：观察检查。

【要点说明】

4.9.4～4.9.8 金属屋墙面围护系统的零配件，这些产品进场均应按设计和相关标准要求进行验收，确保围护系统安装质量和安全。

4.10 膜结构用膜材

Ⅰ 主 控 项 目

4.10.1 膜结构用膜材的品种、规格、性能等应符合国家现行标准的规定并满足设计要求。进口膜材产品的质量应符合设计和合同的要求。

检查数量：全数检查。

检验方法：检查产品的质量合格证明文件、中文产品标志及检验报告等。

【要点说明】

工程膜面采用的材料主要有聚四氟乙烯涂面，PVC、聚酯纤维类薄膜和玻纤特富隆薄膜等。

膜材的主要指标应包括：重量、厚度、力学性能、光学性能、耐久性等。

膜材的进场检测主要包括外观检查和性能检测两方面。

1. 外观检查：主要检查膜材的品种、规格是否符合设计和标准要求，膜材色泽是否一致、有无斑点、小孔等。检查通过目测结合专用灯箱进行：(1) 膜材的品牌、型号是否与设计图纸一致，且是同一批号；(2) 无直径 2mm 以上的油污、瑕疵；(3) 无直径 1mm 以上的针孔，色泽均匀。

2. 物理性能检测：主要检测膜材厚度、重量、抗拉强度及撕裂强度等，厚度检测用测厚仪。

检查膜材出厂时的材料检测报告和质量保证书。

4.10.2 膜结构用膜材展开面积大于 $1000m^2$ 时，应对膜材的断裂强度、撕裂强度进行抽样检验，其复验结果应符合国家现行标准的规定并满足设计要求。

检查数量：全数检查。

检验方法：见证取样送样，检查复验报告。

【要点说明】

对于膜材展开面积大于 $1000m^2$ 应做膜材的性能检测，检测其抗拉强度和撕裂强度，进行抽样检验，检测结果应不低于国家现行标准中膜材性能表所列的指标。

Ⅱ 一 般 项 目

4.10.3 膜结构用膜材表面应光滑平整，无明显色差。局部不应出现大于 $100mm^2$ 涂层缺陷（涂层不均、麻点、油丝等）和无法消除的污迹。

检查数量：每批进场数量抽取 10％检查。

检查方法：观察检查。

【要点说明】

抽取每批进场膜材的10%，目测检查膜材的表面质量，膜材表面应光滑平整、无明显色差，涂层不均、麻点、油丝等缺陷不应大于100mm²。

4.11 涂 装 材 料

Ⅰ 主 控 项 目

4.11.1 钢结构防腐涂料、稀释剂和固化剂等材料的品种、规格、性能等应符合国家现行标准的规定并满足设计要求。

检查数量：全数检查。

检验方法：检查产品的质量合格证明文件、中文产品标志及检验报告等。

【要点说明】

防腐涂料一般由不挥发组分和挥发组分（稀释剂）两部分组成。当涂料涂刷在构件表面后，挥发组分逐渐挥发逸出，不挥发组分留下干结成膜，不挥发组分的成膜物质即为涂料的固体部分。

不同的涂料和稀释剂性能不全相同，必须配套使用，标准规定钢结构工程所使用的防腐涂料，其品种、规格、性能必须满足设计文件和相关国家标准的要求，否则可能导致涂膜长时间不能成膜、漆膜与基层脱落、底漆与面漆脱层、过早返锈、造成涂层失效等疵病或涂层失效。

标准规定全数检查由涂料厂家提供的产品质量合格证明文件、中文标识及检验报告等。必要时可开桶抽查。

涂料产品的包装应符合现行国家标准《涂料产品包装标志》GB 9750的要求。

4.11.2 钢结构防火涂料的品种和技术性能应符合设计要求，并应经法定的检测机构检测，检测结果符合国家现行标准的规定。

检查数量：全数检查。

检验方法：检查产品的质量合格证明文件、中文产品标志及检验报告等。

【要点说明】

防火涂料应符合现行国家标准《钢结构防火涂料应用技术规程》CECS 24：90的要求。

防火涂料主要由成膜物、成炭剂、成炭催化剂、发泡剂、无机颜料、填料等组成。

成膜剂对膨胀型防火涂料的性能有重大影响，它对附着力起着至关重要的作用，如果防火涂层与底层的附着力不够，当涂层受热融后，会出现涂层大块下坠现象。

阻燃剂不是单独存在。

钢结构防火涂料进场必须进行严格认真验收，其品种和技术性能、耐火性、耐候性、干密度、热导率、抗压强度、粘结强度等应符合设计要求，应经具有资质的检测机构检测，符合国家现行标准的规定。全数检查由厂家提供的质量合格证明文件中文标识及检验报告等。核对涂料的颜色型号、名称、有效期等是否符合设计及标准的规定，必要时开桶抽查。

Ⅱ 一 般 项 目

4.11.3 防腐涂料和防火涂料的型号、名称、颜色及有效期应与其质量证明文件相符。开启后，不应存在结皮、结块、凝胶等现象。

　　检查数量：应按桶数抽查5%，且不应少于3桶。

　　检验方法：观察检查。

【要点说明】

　　本条是检查防腐、防火涂料的实物，在型号、名称、颜色及有效期是否与质量证明文件相符。涂料结皮、结块、凝胶不仅影响施工无法涂刷均匀，且损失防腐防火性能。

　　涂料结皮、结块、凝胶等现象的表现及产生原因：

　　结皮：涂料表面因溶剂挥发而干燥，最终结皮，结皮厚度视放置时间长短而定。造成结皮原因主要有涂料桶的桶盖密封性差。

　　结块：涂料中颜料成分沉积并结块。一般发生在含大量防锈颜料类型的防锈底漆。造成原因：涂料到货后，长期不用并涂料堆放不动；或涂料生产时，添加的稀释剂过量，及涂料生产过程中操作不当形成。

　　凝胶：涂料丧失流动性，呈胶质状态，所有涂料都有可能发生此种状态。造成原因：贮存时间过长，贮存环境恶劣，涂料内部发生化学反应；或使用不适当的溶剂；桶盖密封不好，双组分涂料组合后，超过了使用时间。

4.12 成 品 及 其 他

Ⅰ 主 控 项 目

4.12.1 钢结构用支座、橡胶垫的品种、规格、性能等应符合国家现行标准的规定并满足设计要求。

　　检查数量：全数检查。

　　检验方法：检查产品的质量合格证明文件、中文产品标志及检验报告等。

4.12.2 钢结构工程所涉及的其他材料和成品，其品种、规格、性能等应符合国家现行标准的规定并满足设计要求。

　　检查数量：全数检查。

　　检验方法：检查产品的质量合格证明文件、中文产品标志及检验报告等。

【要点说明】

　　4.12.1～4.12.2 钢结构工程所有的半成品及成品，均应按照现行国家标准《钢结构工程施工质量验收标准》GB 50205的合格质量标准、设计要求及相应的各专业标准进行验收。

5 焊 接 工 程

5.1 一 般 规 定

5.1.1 本章适用于钢结构制作和安装中的钢构件焊接和栓钉（焊钉）焊接工程的质量验收。

5.1.2 钢结构焊接工程的检验批可按相应的钢结构制作或安装工程检验批的划分原则划分为一个或若干个检验批。

【要点说明】

5.1.1、5.1.2 钢结构焊接工程检验批的划分应符合钢结构施工检验批的检验要求。考虑不同的钢结构工程验收批其焊缝数量有较大差异，为了便于检验，可将焊接工程划分一个或几个检验批。

根据现行国家标准《钢结构焊接规范》GB 50661 的规定，可按下列方法确定检验批：

（1）制作焊缝以同一工区（车间）按 300～600 处的焊缝数量组成检验批；多层框架结构可以每节柱的所有构件组成检验批；

（2）安装焊缝以区段组成检验批；多层框架结构以每层（节）的焊缝组成检验批；

（3）抽样检验除设计指定焊缝外应采用随机取样方式取样，且取样中应覆盖到该批焊缝中所包含的所有钢材类别、焊接位置和焊接方法。

为了组成抽样检验中的检验批，首先必须知道检验批焊缝的量。一般情况下，作为检验对象的钢结构安装焊缝长度大多较短，通常将一条焊缝作为一个焊缝个体，检验批表征为焊缝的数量，取样按照焊缝数量计算百分比。在工厂制作构件时，箱形钢柱（梁）的纵焊缝、H型钢柱（梁）的腹板一翼板组合焊缝较长，按照本标准5.2.4规定，检验批表征为焊缝的长度，取样按照焊缝长度计算百分比。检验批的构成原则上以同一条件的焊缝个体为对象，一方面要使检验结果具有代表性，另一方面要有利于统计分析缺陷产生的原因，便于质量管理。

取样原则上按随机取样方式，随机取样方法有多种，例如将焊缝个体编号，使用随机数表来规定取样部位等。但要强调的是对同一批次抽查焊缝的取样，一方面要涵盖该批焊缝所涉及的母材类别和焊接位置、焊接方法，以便于客观反映不同难度下的焊缝合格率结果，另一方面自检、监检及见证检验所抽查的对象应尽可能避免重复，只有这样才能达到更有效的控制焊缝质量的目的。

5.1.3 焊缝应冷却到环境温度后方可进行外观检测，无损检测应在外观检测合格后进行，具体检测时间应符合现行国家标准《钢结构焊接规范》GB 50661 的规定。

【要点说明】

焊接接头在焊接过程中、焊缝冷却过程及以后相当长的一段时间可能产生裂纹，但目前钢结构用钢由于生产工艺及技术水平的提高，产生延迟裂纹的概率并不高，同时，在随后的生产制作过程中，还要进行相应的无损检测。为避免由于检测周期过长使工期延误造成不必要的浪费，本标准借鉴欧美等国家先进标准，规定外观检测应在焊缝冷却以后进行。由于裂纹很难用肉眼直接观察到，因此在外观检测中应用放大镜观察，注意应有充足的光线。而无损检测的具体检测时机应符合现行国家标准《钢结构焊接规范》GB 50661 的规定。

本条所说的外观检测实际上应该是焊后外观检测，因为在实际的焊接质量全过程控制中，外观检测应贯穿于焊前、焊中、焊后的各个阶段，焊后外观检测涉及了焊缝的外观尺寸和外观质量两个方面，只有焊缝冷却到环境温度后，焊缝尺寸已经稳定，外观缺陷也完全显现，此时进行外观检测，获得结果更加真实。根据本条规定，外观检测在焊缝冷却以后即可进行，但需要强调的是在执行时建议应根据具体工况条件，如：钢材强度等级、板材厚度、节点复杂程度等，选择适宜的检验时机，以减少漏检概率。

对于焊后无损检测的时机，现行国家标准《钢结构焊接规范》GB 50661有如下规定：

1. 针对承受静荷载钢结构焊缝，该标准第8.2.3条规定："无损检测应在外观检测合格后进行。Ⅲ、Ⅳ类钢材及焊接难度等级为C、D级时，应以焊接完成24h后无损检测结果作为验收依据；钢材标称屈服强度不小于690MPa或供货状态为调质状态时，应以焊接完成48h后无损检测结果作为验收依据。"

2. 针对需疲劳验算结构的焊缝，该标准第8.3.3条规定："无损检测应在外观检查合格后进行。Ⅰ、Ⅱ类钢材及焊接难度等级为A、B级时，应以焊接完成24h后检测结果作为验收依据，Ⅲ、Ⅳ类钢材及焊接难度等级为C、D级时，应以焊接完成48h后的检查结果作为验收依据"。

根据实际经验，裂纹可在焊接、焊缝冷却及以后相当长的一段时间内产生。Ⅰ、Ⅱ类钢材产生焊接延迟裂纹的可能性很小，因此规定在焊缝冷却到室温进行外观检测后即可进行无损检测。Ⅲ、Ⅳ类钢材及焊接难度等级为C、D级时，若焊接工艺不当则具有产生焊缝延迟裂纹的可能性，且裂纹延迟时间较长，有些国外规范规定此类钢焊接裂纹的检查应在焊后48h进行。考虑到工厂存放条件、现场安装进度、工序衔接的限制以及随着时间延长，产生延迟裂纹的概率逐渐减小等因素，本标准对Ⅲ、Ⅳ类钢材及焊接难度等级为C、D级的结构，规定以24h后无损检测的结果作为验收的依据。对钢材标称屈服强度大于690MPa（调质状态）的钢材，考虑产生延迟裂纹的可能性更大，故规定以焊后48h的无损检测结果作为验收依据。

内部缺陷的检测一般可用超声波探伤和射线探伤。射线探伤具有直观性、一致性好的优点，但其成本高、操作程序复杂、检测周期长，尤其是钢结构中大多为T形接头和角接头，射线检测的效果差，且射线探伤对裂纹、未熔合等危害性缺陷的检出率低。超声波探伤则正好相反，操作程序简单、快速，对各种接头形式的适应性好，对裂纹、未熔合的检测灵敏度高，因此对钢结构内部质量的检测一般多采用超声波探伤，如有特殊要求，可在设计图纸或订货合同中另行规定。

5.1.4 焊缝施焊后应按照焊接工艺规定在相应焊缝及部位做出标志。

【要点说明】

焊缝标识一般包括焊缝编号和焊工信息等内容。本条规定的目的是为了加强焊工施焊质量的动态管理，同时使钢结构工程焊接质量的现场管理更加直观。

5.2 钢构件焊接工程

Ⅰ 主 控 项 目

5.2.1 焊接材料与母材的匹配应符合设计文件的要求及国家现行标准的规定。焊接材料在使用前，应按其产品说明书及焊接工艺文件的规定进行烘焙和存放。

检查数量：全数检查。

检验方法：检查质量证明书和烘焙记录。

【要点说明】

合格的钢材及焊接材料是获得良好焊接质量的基本前提，其化学成分、力学性能和其他相关质量要求是影响焊接性的重要指标，因此，钢材及焊接材料的质量要求，必须符合国家现行相关标准的规定。

　　焊接连接是钢结构的重要连接形式之一，其连接质量直接关系结构的安全，焊接材料的选择必须和主体结构的钢材相匹配。一般采用等强度匹配原则。

　　焊接材料主要包括焊条、实心和药芯焊丝、焊剂及各种焊接用气体。焊接材料的选配原则，根据设计要求，除保证焊接接头强度、塑性不低于钢材标准规定的下限值以外，还应保证焊接接头的冲击韧性不低于母材标准规定的冲击值的下限值。

　　焊接材料的选用，可按现行国家标准《钢结构焊接规范》GB 50661 的有关规定执行，具体见表 1-5-1。

常用钢材的焊接材料推荐表　　　　　表 1-5-1

母材					焊接材料			
GB/T 700 和 GB/T 1591 标准钢材	GB/T 19879 标准钢材	GB/T 714 标准钢材	GB/T 4171 标准钢材	GB/T 7659 标准钢材	焊条电弧焊 SMAW	实心焊丝气体保护焊 GMAW	药芯焊丝气体保护焊 FCAW	埋弧焊 SAW
Q215	—	—	—	ZG200−400H ZG230−450H	GB/T 5117： E43XX	GB/T 8110： ER49−X	GB/T 10045： E43XTX−X GB/T 17493： E43XTX−X	GB/T 5293： F4XX−H08A
Q235 Q275	Q235GJ	Q235q	Q235NH Q265GNH Q295NH Q295GNH	ZG275−485H	GB/T 5117： E43XX E50XX GB/T 5118： E50XX−X	GB/T 8110： ER49−X ER50−X	GB/T 10045： E43XTX−X E50XTX−X GB/T 17493： E43XTX−X E49XTX−X	GB/T 5293： F4XX−H08A GB/T 12470： F48XX−H08MnA
Q345 Q390	Q345GJ Q390GJ	Q345q Q370q	Q310GNH Q355NH Q355GNH	—	GB/T 5117： E50XX GB/T 5118： E5015、16−X E5515、16−Xa	GB/T 8110： ER50−X ER55−X	GB/T 10045： E50XTX−X GB/T 17493： E50XTX−X	GB/T 5293： F5XX−H08MnA F5XX−H10Mn2 GB/T 12470： F48XX−H08MnA F48XX−H10Mn2 F48XX−H10Mn2A
Q420	Q420GJ	Q420q	Q415NH	—	GB/T 5118： E5515、16−X E6015、16−Xb	GB/T 8110： ER55−X ER62−Xb	GB/T 17493： E55XTX−X	GB/T 12470： F55XX−H10Mn2A F55XX−H08MnMoA
Q460	Q460GJ	—	Q460NH	—	GB/T 5118： E5515、16−X E6015、16−X	GB/T 8110： ER55−X	GB/T 17493： E55XTX−X E60XTX−X	GB/T 12470： F55XX−H08MnMoA F55XX−H08Mn2MoVA

　　注：1. 被焊母材有冲击要求时，熔敷金属的冲击功不应低于母材规定；

　　　　2. 焊接接头板厚大于等于25mm时，宜采用低氢型焊接材料；

　　　　3. 表中 X 对应焊材标准中的相应规定。

　　　　a：仅适用于厚度不大于 16mm 的 Q345q 钢及厚度不大于 35mm 的 Q370q 钢；

　　　　b：仅适用于厚度不大于 16mm 的 Q420q 钢。

为保证焊接材料的质量，焊材进场后，按国家现行标准的要求进行验收，具体如下：

（1）焊条应符合现行国家标准《非合金钢及细晶粒钢焊条》GB/T 5117、《热强钢焊条》GB/T 5118 的有关规定。

（2）焊丝应符合现行国家标准《熔化焊用钢丝》GB/T 14957、《气体保护电弧焊用碳钢、低合金钢焊丝》GB/T 8110 及《碳钢药芯焊丝》GB/T 10045、《低合金钢药芯焊丝》GB/T 17493 的有关规定。

（3）埋弧焊用焊丝和焊剂应符合现行国家标准《埋弧焊用碳钢焊丝和焊剂》GB/T 5293、《埋弧焊用低合金钢焊丝和焊剂》GB/T 12470 的有关规定。

（4）气体保护焊使用的氩气应符合现行国家标准《氩》GB/T 4842 的有关规定，其纯度不应低于 99.95%。

（5）气体保护焊使用的二氧化碳应符合现行行业标准《焊接用二氧化碳》HG/T 2537 的有关规定。焊接难度为 C、D 级和特殊钢结构工程中主要构件的重要焊接节点，采用的二氧化碳质量应符合该标准中优等品的要求。

（6）栓钉焊使用的栓钉及焊接瓷环应符合现行国家标准《电弧螺柱焊用圆柱头焊钉》GB/T 10433 的有关规定。

5.2.2 持证焊工必须在其焊工合格证书规定的认可范围内施焊，严禁无证焊工施焊。

检查数量：全数检查。

检验方法：检查焊工合格证及其认可范围、有效期。

【要点说明】

在国家经济建设中，特殊技能操作人员发挥着重要作用。在钢结构工程施工中，焊工是特殊工种，焊工的操作技能和资格对工程质量起到保证作用，必须充分予以重视。从事钢结构工程焊接施工的焊工，应根据所从事钢结构焊接工程的具体类型，按国家现行的相关标准对施焊焊工进行考试并取得相应证书。

焊工是焊接工作的直接执行者，焊接质量的优劣在很大程度上取决于焊工的技能水平、职业素质和职业道德。

下面，我们就围绕本条规定针对焊工进行讨论：

钢结构焊工包括定位焊工、焊工和焊接操作工，具体定义如下：

（1）定位焊工：正式焊缝焊接前，为了使焊件的一些部分保持于对准合适的位置而进行定位焊接的人员。

（2）焊工：进行手工或半自动焊焊接操作的人员。

（3）焊接操作工：全机械或全自动熔化焊、电阻焊的焊接设备操作人员。

目前国内焊工证书有三种：

（1）特种作业操作证（俗称"安全证"）

焊工作为特种作业人员，安全证由国家安全生产监督管理总局按我国《特种作业人员安全技术培训考核管理办法》管理颁发，证明焊工经安全培训合格（20 世纪 90 年代以前，由原劳动部安全部门管理）。

安全证（图 1-5-1）是焊工经有关技术安全法规培训合格后取得的，持有安全证后才有资格进行焊接技能的培训，有如机动车驾驶员必须先学习交通安全法规，培训考试合格后才能学习驾驶技能一样。安全证的培训主要是理论培训，虽然并不能证明焊工的技能水

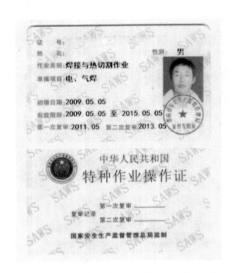

图 1-5-1 特种作业操作证（安全证）

平，但却是从事焊接、切割等特种作业必须要求的准入资质。

（2）职业资格证书（俗称"等级证"）

职业资格证书由人力资源和社会保障部（原劳动和社会保障部）职业技能鉴定中心按国家职业标准《焊工》管理颁发，证明焊工的技术资格等级，包括初级工、中级工、高级工、技师、高级技师 5 个级别。

资格等级证相当于我们平常所说的职称证，它是表明证书持有人具有从事焊接这一职业所必须具备的学识和技能的证明，是对焊工具有和达到国家职业标准《焊工》所要求的知识和技能标准，并通过职业技能鉴定的凭证。资格等级证没有有效期限制，只是对从业人员社会身份的一个承认，仅说明焊工的技术等级，不反映焊工现时的技能水平。一个人由于年龄、体力或者其他原因即使不能从事焊接操作了，但他的职业资格等级仍不会改变，因此，资格等级证不能作为上岗的凭证。见图1-5-2。

（3）焊工合格证（简称"合格证"）

焊工合格证由各归口管理部门按有关规定颁发。如：由国家质量监督检验检疫总局按《锅炉压力容器压力管道焊工考试与管理规则》管理颁发"锅炉压力容器压力管道特种设备操作人员资格证"；由冶金焊工技术考试委员会（原冶金部）按《冶金工程建设焊工考试规程》管理颁发的"冶金工程建设焊工合格证"，由原电力部按《电力部焊工考核规程》管理颁发的"电力部焊工合格证"，由中国工程建设焊接协会钢结构焊工技术资格考试委员会管理颁发的"钢结构焊工合格证"等等。

与机动车驾驶证规定准驾车型（大客车、大货车、小客车还是摩托车等）一样，焊工合格证必须包含以下内容：

①适用的焊接方法，如焊条电弧焊、氩弧焊、CO_2 气体保护焊、埋弧焊、电渣焊等；

②适用的材料范围，如结构钢、不锈钢、有色金属等以及母材、焊材强度级别、质量等级和型号等；

③适用的焊接位置，如平焊、横焊、立焊、仰焊等；

④适用的产品对象（管道、钢板等）和应用领域（压力容器、建筑钢结构等）。

焊工合格证有效期一般为 3 年，证书到期后，证书持有人应按照相应标准规定进行重新认证或申请免评，并及时更新证书。合格证有效期内，焊工违反认证标准相关规定，如焊工施焊质量一贯低劣或在生产工作中弄虚作假等，企业焊工技术考试委员会可依据标准规定注销其焊工合格证。

综上，焊工合格证（见图 1-5-3、图 1-5-4）规定了焊工所能从事的焊接工作具体范围，是对焊工现时技术能力的证明，因此，为确保焊接工程质量，《钢结构工程施工质量验收标准》GB 50205 和《钢结构焊接规范》GB 50661 等标准都要求焊工具有与其工作相适应的焊工合格证书。钢结构焊工可依据标准《钢结构焊接从业人员资格认证标准》CECS 331 和相关标准的要求进行考试、取证和管理。

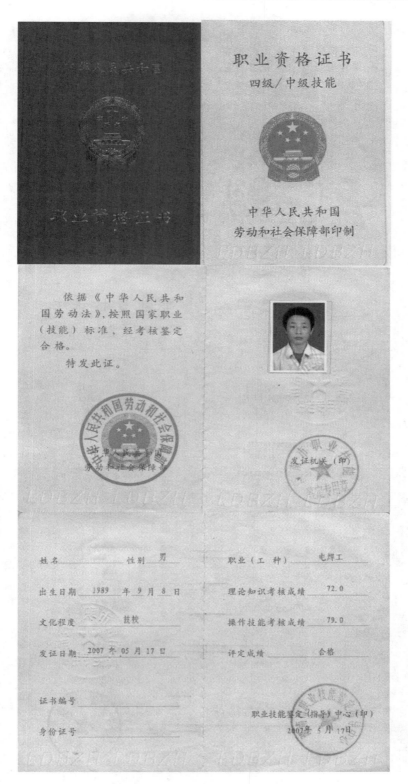

图 1-5-2 职业资格证书（等级证）

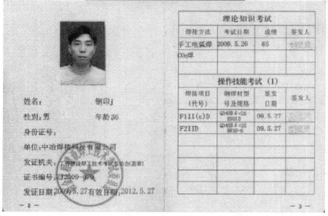

图 1-5-3 焊工合格证（工程建设）

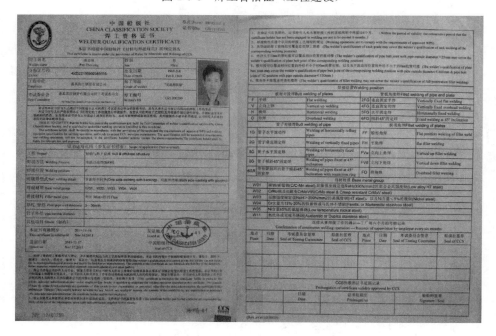

图 1-5-4 焊工合格证（船级社）

为保证钢结构焊接质量，对从事钢结构焊接的所有焊工，必须持有特种作业操作证（俗称"安全证"）和焊接合格证，才能上岗操作，因此，实施与检查的要点应包括以下内容：

①检查焊工特种作业操作证，对其作业类别、准操项目和有效期进行确认；

②检查焊工合格证，确认其在有效期内，并且认可范围符合该焊工所从事钢结构焊接工作在钢材种类、焊接节点形式、焊接方法、焊接位置等内容上的要求。

钢结构焊工的资格是从焊接考试样品那天起有效。如果满足下面的条件，标准允许资格证书有效三年：

① 焊工所在单位或雇主能够证实该焊工一直从事资格范围内的工作；

② 该焊工在资格范围内从事焊接工作，中断期限不超过六个月。

5.2.3 施工单位应按照现行国家标准《钢结构焊接规范》GB 50661 的规定进行焊接工艺评定，根据评定报告确定焊接工艺，编写焊接工艺规程并进行全过程质量控制。

检查数量：全数检查。

检验方法：检查焊接工艺评定报告、焊接工艺规程、焊接过程参数测定、记录。

【要点说明】

由于钢结构工程中的焊接节点和焊接接头不可能进行现场实物取样检验，而焊后的无损检测仅能确定焊缝的几何缺陷，无法确定接头的理化性能。为保证工程焊接质量，必须在构件制作和结构安装施工焊接前进行焊接工艺评定，并根据焊接工艺评定的结果制定相应的施工焊接工艺规程，并在施焊过程中进行全过程质量控制。本条规定了施工企业必须进行工艺评定的条件，强调了过程检验的重要性，就焊接产品质量控制而言，过程控制比焊后无损检测显得更为重要，特别是对高强钢或特种钢，产品制造过程中工艺参数对产品性能和质量的影响更为直接，产生的不利后果更难于恢复，同时也是用常规无损检测方法无法检测到的。因此正确的过程检验程序和方法是保证产品质量的重要手段。焊接工艺评定和焊接过程检验的程序、内容应符合现行国家标准《钢结构焊接规范》GB 50661 的规定。

由于焊接工艺评定对于保证焊接质量的重要性，本标准做出此条规定并将焊接工艺评定报告列入竣工资料的必备文件之一。

根据中国机械工程学会焊接分会编写的《焊接词典》中的定义，焊接工艺评定是在新产品、新材料投产前，为制定焊接工艺规程，通过对焊接方法、焊接材料、焊接参数等进行选择和调整的一系列工艺性试验，以确定获得标准规定焊接质量的正确工艺。

对于一些特定的焊接方法和参数、钢材、接头形式和焊接材料种类的组合，其焊接工艺已经长期使用。实践证明，按照这些焊接工艺进行焊接所得到的焊接接头性能良好，能够满足钢结构焊接的质量要求。本着经济合理、安全适用的原则，《钢结构焊接规范》GB 50661 对免予评定焊接工艺作出了相应规定。当然，采用免予评定的焊接工艺并不免除对钢结构制作、安装企业资质及焊工个人能力的要求，同时有效的焊接质量控制和监督也必不可少。在实际生产中，应严格执行标准规定，编制免予评定的焊接工艺报告，并经焊接工程师和技术负责人签发后，方可使用。

根据焊接工艺评定报告（或免予评定的焊接工艺报告），焊接技术人员就能编制适于钢结构相应焊接接头的焊接工艺规程。该规程以书面的形式给出详细的焊接条件。严格遵守这些条件，就能保证所需的接头性能。

焊接工艺规程的覆盖范围取决于焊接工艺评定试验的焊接条件。

焊接条件也称为焊接参数，由关键参数和非关键参数组成。这些参数定义如下：

关键参数：能影响焊缝的力学性能（如果超过了标准允许的范围，焊接工艺规程需要重新评定认可）。

非关键参数：这些参数必须在焊接工艺规程中规定，但它们对焊缝的力学性能没有很大影响。改变这些参数时，无需重新评定验收，但须重新书写焊接工艺规程。

关键参数对力学性能有很大影响，因此是控制参数。它们决定了合格的范围以及写入焊接工艺规程的内容。

当焊工使用焊接工艺规程合格范围外的参数进行焊接时，接头就有达不到性能要求的危险。此时，有两种处理方法：

（1）使用同那些质量可疑的焊缝相同的焊接参数焊接另一个试验焊缝。然后按照有关的焊接工艺评定试验程序，对此焊缝进行测试，来证明其性能满足规定要求。

（2）切除掉那些质量可疑的焊缝，按照指定的焊接工艺规程重新焊接。

焊接工艺评定的替代规则和重新进行焊接工艺评定的规定应符合《钢结构焊接规范》GB 50661 的要求。

典型的焊接工艺评定流程如图 1-5-5 所示。

> 对于每个焊接试件，焊接工程师要写一个焊接工艺评定指导书

> 焊工按照此焊接工艺评定指导书焊接试件
> 焊接检验人员记录下焊接此试件的所有焊接参数（称为实际焊接参数）
> （可以要求具有相应检查资质的独立第三方检查员来监督焊接工艺评定的试验过程）

> 按照标准规定对试件进行外观和无损检测

> 根据标准规定以及材料种类和应用情况，由具有资质的检测单位对试件进行相应的破坏性试验
> （如拉伸、弯曲、宏观/显微金相、硬度、冲击或腐蚀等或标准和客户要求的其他试验）

> 由第三方检查机构根据上述试验结果出具焊接工艺评定报告。该报告要求给出下列细节：
> 1. 实际焊接参数
> 2. 无损检测结果
> 3. 破坏性试验结果

图 1-5-5 通过试验进行焊接工艺评定的典型程序

为保证钢结构焊接质量，在钢构件制作和安装前对施工单位的焊接工艺文件，包括焊接工艺评定报告、焊接工艺规程进行检查，包括以下内容：

（1）如果钢构件的焊接符合免于焊接工艺评定条件，则对施工单位编制的免予评定的焊接工艺报告和焊接工艺规程进行确认；如果施工单位已进行了焊接工艺评定试验，则检查其焊接工艺报告是否符合标准要求，其覆盖范围是否满足实际工程需要。

（2）对于施工单位已有的焊接工艺评定报告，确认其是否在有效期内（《钢结构焊接规范》GB 50661 规定为：焊接难度等级为 A、B、C 级的钢结构焊接工程，其焊接工艺评定有效期应为 5 年；对于焊接难度等级为 D 级的钢结构焊接工程应按工程项目进行焊接工艺评定）并且覆盖范围满足施工要求。

（3）对于施工单位首次采用的钢材、焊接材料、焊接方法、接头形式、焊接位置、焊后热处理制度以及焊接工艺参数、预热和后热措施等各种参数的组合条件，以及焊接难度等级为 D 级的钢结构焊接工程应在钢结构构件制作及安装施工之前按《钢结构焊接规范》GB 50661 的规定进行焊接工艺评定。

5.2.4 设计要求的一、二级焊缝应进行内部缺陷的无损检测，一、二级焊缝的质量等级和检测要求应符合表 5.2.4 的规定。

检查数量：全数检查。

检验方法：检查超声波或射线探伤记录。

一级、二级焊缝质量等级及无损检测要求　　　表 5.2.4

焊缝质量等级		一级	二级
内部缺陷 超声波探伤	缺陷评定等级	Ⅱ	Ⅲ
	检验等级	B 级	B 级
	检测比例	100%	20%
内部缺陷 射线探伤	缺陷评定等级	Ⅱ	Ⅲ
	检验等级	B 级	B 级
	检测比例	100%	20%

注：二级焊缝检测比例的计数方法应按以下原则确定：工厂制作焊缝按照焊缝长度计算百分比，且探伤长度不小于 200mm；当焊缝长度小于 200mm 时，应对整条焊缝探伤；现场安装焊缝应按照同一类型、同一施焊条件的焊缝条数计算百分比，且不应少于 3 条焊缝。

【要点说明】

本条为强制性条文，要求一级焊缝 100％检验，二级焊缝为抽样检验。钢结构工厂制作焊缝一般较长，对每条焊缝按规定的百分比进行检测，且检测长度不小于 200mm 的规定，对保证每条焊缝的质量是有利的。但钢结构安装焊缝大部分为梁—柱连接焊缝，一般都比较短，每条焊缝的长度大多在 250～300mm 之间，按照焊缝条数抽样检测是可行的。

焊缝质量是影响结构强度和安全性能的关键因素，根据结构的承载情况不同，现行国家标准《钢结构焊接规范》GB 50661 中将焊缝的质量为分三个质量等级。具体规定如下：

1. 在承受动荷载且需要进行疲劳验算的构件中，凡要求与母材等强连接的焊缝应焊透，其质量等级应符合下列规定：

（1）作用力垂直于焊缝长度方向的横向对接焊缝或 T 形对接与角接组合焊缝，受拉时应为一级，受压时应为二级；

（2）作用力平行于焊缝长度方向的纵向对接焊缝应为二级；

（3）铁路、公路桥的横梁接头板与弦杆角焊缝应为一级，桥面板与弦杆角焊缝、桥面板与 U 形肋角焊缝（桥面板侧）应为二级；

（4）重级工作制（A6～A8）和起重量 $Q \geqslant 50t$ 的中级工作制（A4、A5）吊车梁的腹板与上翼缘之间以及吊车桁架上弦杆与节点板之间的 T 形接头焊缝应焊透，焊缝形式宜为对接与角接的组合焊缝，其质量等级不应低于二级。

2. 不需要疲劳验算的构件中，凡要求与母材等强的对接焊缝宜焊透，其质量等级受拉时不应低于二级，受压时宜为二级。

3. 部分焊透的对接焊缝、采用角焊缝或部分焊透的对接与角接组合焊缝的 T 形接头，以及搭接连接角焊缝，其质量等级应符合下列规定：

（1）直接承受动荷载且需要疲劳验算的结构和吊车起重量等于或大于 50t 的中级工作制吊车梁以及梁柱、牛腿等重要节点应为二级；

（2）其他结构可为三级。

内部缺陷的无损检测应在外观检测合格后进行。焊缝内部存在超标缺陷时应进行返修。同一焊缝的同一部位返修不宜超过两次。返修焊缝应有返修施工记录，及返修前后的无损检测报告（探伤记录），无损检测报告签发人员必须有相应探伤方法的 2 级或 2 级以上资格证书。

5.2.5　焊缝内部缺陷的无损检测应符合下列规定：

1　采用超声波检测时，超声波检测设备、工艺要求及缺欠评定等级应符合现行国家标准《钢结构焊接规范》GB 50661 的规定。

2　当不能采用超声波探伤或对超声波检测结果有疑义时，可采用射线检测验证。射线检测技术应符合现行国家标准《焊缝无损检测　射线检测　第 1 部分：X 和伽马射线的胶片技术》GB/T 3323.1 或《焊缝无损检测　射线检测　第 2 部分：使用数字化探测器的 X 和伽马射线技术》GB/T 3323.2 的规定，缺陷评定等级应符合现行国家标准《钢结构焊接规范》GB 50661 的规定。

3　焊接球节点网架、螺栓球节点网架及圆管 T、K、Y 节点焊缝的超声波探伤方法及缺陷分级应符合国家和现行行业标准的有关规定。

检查数量：全数检查。

检验方法：检查超声波或射线探伤记录。

【要点说明】

内部缺陷的检测一般可用超声检测和射线检测。射线检测具有直观性、一致性好的优点，但是射线检测成本高、操作程序复杂、检测周期长，尤其是钢结构中大多为 T 形接头和角接头，射线检测的效果差，且射线检测对裂纹、未熔合等危害性缺陷的检出率低。超声检测则正好相反，操作程序简单、快速，对各种接头形式的适应性好，对裂纹、未熔合的检测灵敏度高，因此对钢结构内部质量的控制采用超声波探伤，一般已不采用射线探伤。除非不能采用超声波探伤或对超声波检测结果有疑义时，可采用射线检测进行补充或验证。

钢结构焊缝内部缺陷无损检测标准及其适用范围：

（1）采用超声检测时，超声检测设备、工艺要求及缺陷等级评定应符合现行国家标准《钢结构焊接规范》GB 50661 的规定，适用范围：母材厚度不小于 3.5mm 的钢焊缝，当检测板厚在 3.5～8mm 范围时，其超声波检测的技术参数应按现行行业标准《钢结构超声波探伤及质量分级法》JG/T 203 执行。

（2）当不能采用超声检测或对超声检测结果有疑义时，可采用射线检测验证，射线检测应符合现行国家标准《金属熔化焊焊接接头射线照相》GB/T 3323 的规定，适用范围：母材厚度 2～200mm 的钢熔化焊对接焊缝。

（3）焊接球节点网架、螺栓球节点网架及圆管 T、K、Y 节点焊缝的超声检测方法及缺陷分级应符合行业现行标准《钢结构超声波探伤及质量分级法》JG/T 203 的有关规定，适用范围：母材厚度不小于 4mm，球径不小于 120mm，管径不小于 60mm 焊接空心球及球管焊接接头；母材壁厚不小于 3.5mm，管径不小于 48mm 螺栓球节点杆件与锥头或封板焊接接头；支管管径不小于 89mm，壁厚不小于 6mm，局部二面角不小于 30°，支管壁厚外径比在 13% 以下的圆管相贯节点的碳素结构钢和低合金高强焊接接头。

5.2.6 T 形接头、十字接头、角接接头等要求焊透的对接和角接组合焊缝（图 5.2.6），其加强焊脚尺寸 h_k 不应小于 $t/4$ 且不大于 10mm，其允许偏差为 0～4mm。

检查数量：资料全数检查，同类焊缝抽查 10%，且不应少于 3 条。

检验方法：观察检查，用焊缝量规抽查测量。

【要点说明】

对 T 形、十字形、角接接头等要求焊透的对接与角接组合焊缝，为减少应力集中，同时确保焊缝强度要求，参照国内外相关规范的规定，确定了对静载结构和动载结构的不同焊脚尺寸的要求。

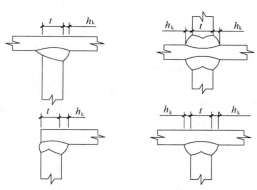

图 5.2.6 对接和角接组合角焊缝

所谓组合焊缝，就是通过两个或更多不同类型的焊缝（坡口焊缝、角焊缝、塞焊缝、槽焊缝等）组合来分担单一连接中的荷载，如图 1-5-6 所示：

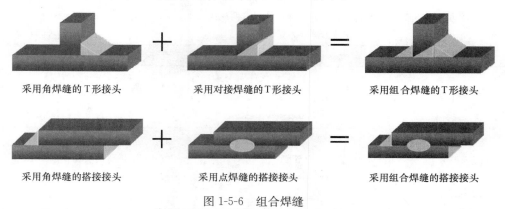

图 1-5-6 组合焊缝

不同于只有角焊缝的 T 形接头，在图 1-5-6 由对接焊缝和角接焊缝组成的全焊透对接与角接组合焊缝中，主要由对接焊缝承受荷载，其焊缝计算厚度 h_e 为坡口根部至焊缝两侧表面（不计余高）的最短距离之和（如图 1-5-7），角焊缝主要起到了焊缝表面成形和减少应力集中的目的，因此，这种在 T 形或角接接头坡口焊缝表面自然形成的角焊缝叫加强焊脚。美国规范 AWS D1.1 规定，其尺寸不需要大于 5/16in（8mm），本标准规定加强焊脚尺寸 h_k 不应小于 $t/4$，且不大于 10mm。

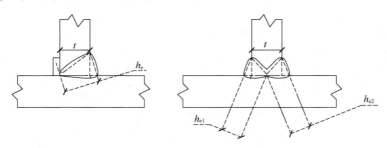

图 1-5-7 全焊透的对接与角接组合焊缝计算厚度 h_e

Ⅱ 一 般 项 目

5.2.7 焊缝外观质量应符合表 5.2.7-1 和表 5.2.7-2 的规定。

无疲劳验算要求的钢结构焊缝外观质量要求 表 5.2.7-1

检验项目 ＼ 焊缝质量等级	一级	二级	三级
裂纹	不允许		
未焊满	不允许	≤0.2mm＋0.02t 且≤1mm，每 100mm 长度焊缝内未焊满累积长度≤25mm	≤0.2mm＋0.04t 且≤2mm，每 100mm 长度焊缝内未焊满累积长度≤25mm
根部收缩	不允许	≤0.2mm＋0.02t 且≤1mm，长度不限	≤0.2mm＋0.04t 且≤2mm，长度不限
咬边	不允许	≤0.05t 且≤0.5mm，连续长度≤100mm，且焊缝两侧咬边总长≤10%焊缝全长	≤0.1t 且≤1mm，长度不限
电弧擦伤	不允许		允许存在个别电弧擦伤
接头不良	不允许	缺口深度 ≤ 0.05t 且≤0.5mm，每 1000mm 长度焊缝内不得超过 1 处	缺口深度≤0.1t 且≤1mm，每 1000mm 长度焊缝内不得超过 1 处
表面气孔	不允许		每 50mm 长度焊缝内允许存在直径<0.4t且≤3mm 的气孔 2 个；孔距应≥6 倍孔径
表面夹渣	不允许		深≤0.2t，长≤0.5t 且≤20mm

注：t 为接头较薄件母材厚度。

有疲劳验算要求的钢结构焊缝外观质量要求
表 5.2.7-2

焊缝质量等级 检验项目	一级	二级	三级
裂纹		不允许	
未焊满		不允许	$\leqslant 0.2mm + 0.02t$ 且$\leqslant 1mm$，每 100mm 长度焊缝内未焊满累积长度$\leqslant 25mm$
根部收缩		不允许	$\leqslant 0.2mm + 0.02t$ 且$\leqslant 1mm$，长度不限
咬边	不允许	$\leqslant 0.05t$ 且$\leqslant 0.3mm$，连续长度$\leqslant 100mm$，且焊缝两侧咬边总长$\leqslant 10\%$焊缝全长	$\leqslant 0.1t$ 且$\leqslant 0.5mm$，长度不限
电弧擦伤		不允许	允许存在个别电弧擦伤
接头不良		不允许	缺口深度$\leqslant 0.05t$ 且$\leqslant 0.5mm$，每 1000mm 长度焊缝内不得超过 1 处
表面气孔		不允许	直径小于 1.0mm，每米不多于 3 个，间距不小于 20mm
表面夹渣		不允许	深$\leqslant 0.2t$，长$\leqslant 0.5t$ 且$\leqslant 20mm$

注：t 为接头较薄件母材厚度。

检查数量：承受静荷载的二级焊缝每批同类构件抽查 10%，承受静荷载的一级焊缝和承受动荷载的焊缝每批同类构件抽查 15%，且不应少于 3 件；被抽查构件中，每一类型焊缝应按条数抽查 5%。且不应少于 1 条；每条应抽查 1 处，总抽查数不应少于 10 处。

检验方法：观察检查或使用放大镜、焊缝量规和钢尺检查，当有疲劳验算要求时，采用渗透或磁粉探伤检查。

【要点说明】

不同质量等级的焊缝承载要求不同，凡是严重影响焊缝承载能力的缺陷都是严禁的，本条按照荷载形式即无疲劳验算要求和有疲劳验算要求两种情况给出了焊缝外观合格质量要求。根据国家标准《钢结构设计规范》GB 50017，有疲劳验算要求指"直接承受动力荷载重复作用的钢结构构件及其连接，当应力变化的循环次数 n 等于或大于 5×10^4 次时，应进行疲劳验算"的情况，也就是我们常说的动荷载，对于除此之外的荷载形式，即可认为是无疲劳验算要求的，也称静荷载。

由于一、二级焊缝的重要性，不允许存在表面气孔、夹渣、弧坑裂纹、电弧擦伤等缺陷；无疲劳验算要求的一级焊缝不得存在咬边、未焊满、根部收缩等缺陷；对于有疲劳验算要求一、二级焊缝，不允许存在未焊满、根部收缩等缺陷，承受动载的一级焊缝，不允许存在咬边缺陷。

下面简单介绍一下焊缝外观检测（VT）的条件和方法：

1. 检测条件

外观检测采用目测方式，裂纹的检查应辅以 5 倍放大镜并在合适的光照条件下进行，必要时可采用磁粉探伤或渗透探伤检测，尺寸的测量应用量具、卡规。国内标准一般没有具体规定检测条件，但可以参照欧洲标准 BS EN970 给出如下要求，以供参考：

（1）照明要求

最低照度为 350lx，建议的最低照度是 500lx（相当于正常工场条件或办公室照明条件）。

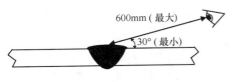

图 1-5-8

（2）外观检测位置

直接检查工件表面时，必须保证肉眼与待测表面的距离不超过 600mm，观测方向与工件表面的夹角不小于 30°，如图 1-5-8 所示。

（3）外观检测的辅助工具

在对管道或容器等内部无法直接进行目视检测的场合，可以采用内窥镜或光纤检视系统等辅助工具帮助检测；同时，也可能需要提供辅助照明，如使用手电筒，以便在目测时目标具有足够的对比度，减轻工件表面杂质与背景之间的互相影响。

其他可用来帮助进行目视检测的辅助工具有：焊缝量规（用来检查坡口角度、焊缝轮廓、角焊缝尺寸、咬边深度等）、直尺和卷尺、2～5 倍放大镜。

（4）检测时机

所有焊缝应冷却到环境温度后方可进行外观检测。

对于需要全过程质量控制的项目，在钢结构制作的各个阶段即焊接前、焊接中、焊接后都应进行外观检测。

2. 常用焊接检验尺及其使用方法（见图 1-5-9、图 1-5-10）

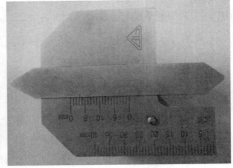

图 1-5-9　KH45 型焊接检验尺

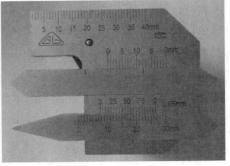

图 1-5-10　KH45B 型焊接检验尺

下面以图示方法说明其使用方法，见图1-5-11。

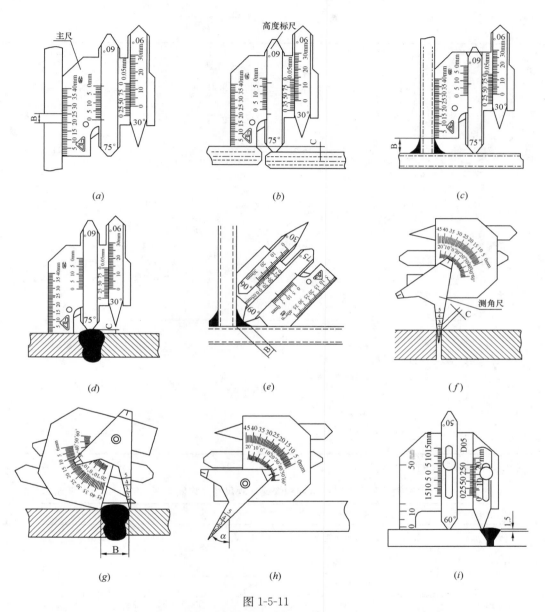

图 1-5-11

(a) 校直、测量长度；(b) 测量错边；(c) 测量焊脚尺寸；(d) 测量焊缝余高；
(e) 测量角焊缝焊喉尺寸；(f) 测量装配间隙；(g) 测量焊缝宽度；
(h) 测量坡口角度；(i) 测量焊缝咬边

5.2.8 焊缝外观尺寸要求应符合表5.2.8-1和表5.2.8-2的规定。

无疲劳验算要求的钢结构对接焊缝与角焊缝外观尺寸要求（mm） 表 5.2.8-1

序号	项 目	示 意 图	外观尺寸允许偏差	
			一级、二级	三级
1	对接焊缝余高 C		$B<20$ 时，C 为 $0\sim3.0$；$B\geqslant20$ 时，C 为 $0\sim4.0$	$B<20$ 时，C 为 $0\sim3.5$；$B\geqslant20$ 时，C 为 $0\sim5.0$
2	对接焊缝错边 Δ		$\Delta<0.1t$ 且 $\leqslant2.0$	$\Delta<0.15t$ 且 $\leqslant3.0$
3	角焊缝余高 C		$h_f\leqslant6$ 时 C 为 $0\sim1.5$；$h_f>6$ 时 C 为 $0\sim3.0$	
4	对接和角接组合焊缝余高 C		$h_k\leqslant6$ 时 C 为 $0\sim1.5$；$h_k>6$ 时 C 为 $0\sim3.0$	

注：t 为对接接头较薄件母材厚度，B 为焊接宽度。

有疲劳验算要求的钢结构焊缝外观尺寸允许偏差（mm） 表 5.2.8-2

项 目	焊 缝 种 类	外观尺寸允许偏差
焊脚尺寸	对接与角接组合焊缝 h_k	$0\sim+2.0$
	角焊缝 h_f	$-1.0\sim+2.0$
	手工焊角焊缝 h_f（全长的 10%）	$-1.0\sim+3.0$
焊缝高低差	角焊缝	$\leqslant2.0$mm（任意 25mm 范围高低差）
余高	对接焊缝	$\leqslant2.0$mm（焊缝宽 $b\leqslant20$mm）
		$\leqslant3.0$mm（$b>20$mm）
余高铲磨后表面	横向对接焊缝	表面不高于母材 0.5mm
		表面不低于母材 0.3mm
		粗糙度 50μm

检查数量：承受静荷载的二级焊缝每批同类构件抽查 10%，承受静荷载的一级焊缝和承受动荷载的焊缝每批同类构件抽查 15%，且不应少于 3 件；被抽查构件中，每种焊缝应按条数各抽查 5%，但不应少于 1 条；每条应抽查 1 处，总抽查数不应少于 10 处。

检验方法：用焊缝量规检查。

【要点说明】

对接焊缝的余高、错边，部分焊透的对接与角接组合焊缝及角焊缝的焊脚尺寸、余高等外形尺寸偏差也会影响钢结构的承载能力，必须加以限制。

焊缝外观尺寸的检测同 5.2.7。

5.2.9 对于需要进行预热或后热的焊缝，其预热温度或后热温度应符合国家现行标准的规定或通过焊接工艺评定确定。

检查数量：全数检查。

检验方法：检查预热或后热施工记录和焊接工艺评定报告。

【要点说明】

焊接预热可降低热影响区冷却速度，对防止焊接延迟裂纹的产生有重要作用，是各国焊接规范关注的重点。目前，大多通过工艺试验确定预热温度，必须与预热温度同时规定的是该温度区距离施焊部分各方向的范围，该温度范围越大，焊接热影响区冷却速度越小，反之则冷却速度越大，同样的预热温度要求，如果温度范围不确定，其预热的效果相差很大。

对于预热温度，主要是根据母材金属的碳当量、结构或构件的拘束度和焊缝金属的氢含量等条件通过经验公式计算或试验来确定，预热温度给定的是最低值，焊接接头的一定范围内在整个焊接过程中的温度均不应低于此温度，与其对应的是焊缝道间温度，通过控制最高道间温度，避免焊缝金属过热而导致焊缝金属的脆化，现行国家标准《钢结构焊接规范》GB 50661 第 7.6.2 条给出了常用钢材的最低预热温度要求，预热温度的控制应符合以下规定：

（1）焊前预热及道间温度的保持宜采用电加热法、火焰加热法和红外线加热法，并应采用专用的测温仪器测量；

（2）预热的加热区域应在焊缝坡口两侧，宽度应为焊件施焊处板厚的 1.5 倍以上，且不应小于 100mm；预热温度宜在焊件受热面的背面测量，测量点应在离电弧经过前的焊接点各方向不小于 75mm 处；当采用火焰加热器预热时正面测温应在火焰离开后进行。

焊缝后热处理主要包括焊后消氢热处理和消应力热处理。

焊后消氢热处理的目的就是加速焊接接头中扩散氢的逸出，防止由于扩散氢的积聚而导致延迟裂纹的产生，当然，焊接接头裂纹敏感性还与钢种的化学成分、母材拘束度、预热温度以及冷却条件有关，因此要根据具体情况来确定是否进行焊后消氢热处理。焊后消氢热处理应在焊后立即进行，处理温度与钢材有关，但一般为 250～350℃。温度太低，消氢效果不明显，温度过高，若超出马氏体转变温度则容易在焊接接头中残存马氏体组织。如果在焊后立即进行消应力热处理，则可不必进行消氢热处理。

焊后消应力热处理就是焊接后将焊接接头加热到母材 Ac1 线以下的一定温度（550～650℃）并保温一段时间，以降低焊接残余应力，改善接头组织性能为目的的焊后热处理方法。

焊后消应力热处理能够达到以下目的：

① 改善焊接接头抵抗脆裂的性能；

② 提高抗应力腐蚀的性能；

③ 保证焊接接头在机械加工后达到准确的尺寸。

进行焊后消应热处理，应明确以下参数：

一最高加热速度；

一保温温度范围；

一最短的保温时间；

一最高冷却率。

1）加热速度

大的温差（大的热变化率）会导致构件产生高应力，造成变形，甚至出现裂纹，因此，为防止构件在加热过程中产生较大温差，必须控制加热速度。

当加工件的温度达到300℃以上时，应按照相关标准要求控制最高加热速度，这是因为在这个温度以上，钢材的强度开始显著下降，如果此时的温度变化率较高，构件容易发生变形。

在热处理过程中要监测焊件表面厚度方向的不同位置的温度。以确保符合规范要求。

碳—锰钢所规定的最高加热速度取决于加工件的厚度，不过一般在每小时60～200℃的范围内。

2）保温温度

保温温度取决于钢的种类，所要求的温度范围应能最大限度地消除残余应力。

碳和碳—锰钢所要求的保温温度在600℃左右。

保温温度是焊接工艺评定的一个关键变量，因此必须将保温温度控制在规定的范围内。

3）保温时间

必须有足够的保温时间以保证焊接件在整个厚度方向达到均匀的规定温度，保温时间取决于焊接件的最大厚度。典型的保温时间规定为每25mm厚度焊件1h。

4）冷却速度

与控制加热速度的目的相同，为避免因热变化率过高而产生高应力，导致变形或裂纹，冷却速度也应限制在一定范围内。

通常，焊件在300℃以上时应控制其冷却速度，当低于此温度，焊件可在静止空气中冷却。

图1-5-12是一个典型的焊后消应热处理热循环示意图。

对于管道或大型构件来说，通常在焊接接头处进行局部热处理。

这种情况下，焊后热处理程序必须既包括上面描述的控制热循环的参数，同时也包括下面的内容：

加热区域的宽度（必须在保温温度范围内）；

温度过渡区域的宽度（保温温度

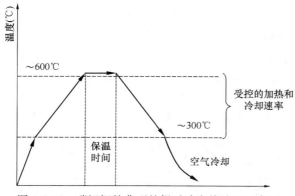

图1-5-12 碳锰钢的典型的焊后消应热处理示意图

到 300℃以上）；

热电偶的安放位置（应分别置于加热区域和温度过渡区域）；

工件是否需要特殊的辅助措施，以便工件位移，避免变形。

图 1-5-13 为典型的对接接头焊后局部热处理的示意图。

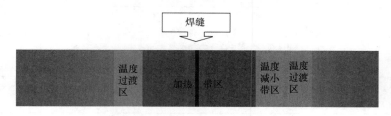

图 1-5-13　对接接头的焊后局部热处理

5.3　栓钉（焊钉）焊接工程

Ⅰ　主　控　项　目

5.3.1　施工单位对其采用的栓钉和钢材焊接应进行焊接工艺评定，其结果应满足设计要求并符合国家现行标准的规定。栓钉焊瓷环保存时应有防潮措施，受潮的焊接瓷环使用前应在 120℃～150℃ 范围内烘焙 1h～2h。

检查数量：全数检查。

检验方法：检查焊接工艺评定报告和烘焙记录。

【要点说明】

由于钢材的成分和栓钉的焊接质量有直接影响，因此必须按实际施工采用的钢材与栓钉匹配进行焊接工艺评定试验。瓷环在受潮或产品要求烘干时应按要求进行烘干，以保证焊接接头的质量。

栓钉焊接的工艺评定应符合国家现行标准《钢结构焊接规范》GB 50661 的相关规定。

钢结构中的栓钉焊接可采用专用焊机或电弧焊的方法进行焊接，如果采用专用栓钉焊机进行焊接，其栓钉和焊接瓷环的化学组成及质量要求应符合国家现行标准《电弧螺柱焊用圆柱头焊钉》GB/T 10433 和《栓钉焊接技术规程》CECS 226 的相关规定，如果采用电弧焊方法，包括焊条手工电弧焊、CO_2 气体保护焊等，其焊接材料还应符合相应焊材标准的规定。

5.3.2　栓钉焊接接头外观质量检验合格后进行打弯抽样检查，焊缝和热影响区不得有肉眼可见的裂纹。

检查数量：每检查批的 1% 且不应少于 10 个。

检验方法：栓钉弯曲 30° 后用目测检查。

【要点说明】

焊钉焊后弯曲检验可用锤击打弯或套管弯曲的方法进行。

Ⅱ　一　般　项　目

5.3.3　栓钉焊接头外观检验应符合表 5.3.3-1 的规定。当采用电弧焊方法进行栓钉焊接时，其焊缝最小焊脚尺寸尚应符合表 5.3.3-2 的规定。

检查数量：检查批栓钉数量的 1%，且不应少于 10 个。

检验方法：应符合表 5.3.3-1 和表 5.3.3-2 的要求。

栓钉焊接接头外观检验合格标准 表 5.3.3-1

外观检验项目	合格标准	检验方法
焊缝外形尺寸	360°范围内焊缝饱满 拉弧式栓钉焊：焊缝高≥1mm；焊缝宽≥0.5mm 电弧焊：最小焊脚尺寸应符合表 5.3.3-2 的规定	目测、钢尺、焊缝量规
焊缝缺陷	无气孔、夹渣、裂纹等缺欠	目测、放大镜（5 倍）
焊缝咬边	咬边深度≤0.5mm，且最大长度不得大于 1 倍的栓钉直径	钢尺、焊缝量规
栓钉焊后倾斜角度	倾斜角度偏差 θ≤5°	钢尺、量角器

采用电弧焊方法的栓钉焊接接头最小焊脚尺寸 表 5.3.3-2

栓钉直径（mm）	角焊缝最小焊脚尺寸（mm）	检验方法
10、13	6	
16、19、22	8	钢尺、焊缝量规
25	10	

【要点说明】

栓钉可采用专用的栓钉焊接或电弧焊方法进行焊接，不同焊接方法的接头，外观质量要求和检验方法不同。

6 紧固件连接工程

6.2 普通紧固件连接

Ⅰ 主 控 项 目

6.2.1 普通螺栓作为永久性连接螺栓时，当设计有要求或对其质量有疑义时，应进行螺栓实物最小拉力载荷复验，试验方法按本标准附录 B，其结果应符合现行国家标准《紧固件机械性能螺栓、螺钉和螺柱》GB/T 3098.1 的规定。

检查数量：每一规格螺栓应抽查 8 个。

检验方法：检查螺栓实物复验报告。

【要点说明】

普通螺栓在钢结构工程中常见的有两种用途：安装用的临时螺栓；连接用的永久性螺栓。

钢结构连接用的永久螺栓性能等级分为 5.6、5.8、6.8、8.8、9.8、10.9、12.9 七个等级。其中 8.8 级及以上的螺栓材质为低碳合金钢、中碳钢或中碳合金钢并经热处理（淬火、回火）称其为高强度螺栓，其余称其为普通螺栓。

螺栓性能等级标号由两部分数字组成，螺栓材料的公称抗拉强度值及屈强比值。例：性能等级 8.8 级的螺栓；螺栓材料的抗拉强度 800MPa，螺栓材质屈强比为 0.8；螺栓材料公称屈服强度为 640MPa。

当设计认为有必要或对螺栓质量有疑义时，应对螺栓实物，进行最小载荷检验，通过测试螺栓的抗拉载荷，进而推算出螺栓抗剪承载力是否满足设计要求。

本规范附录 B 规定了螺栓实物最小载荷检验：

（1）检验标准：《紧固件机械性能螺栓、螺钉、螺柱》GB 3098.1。

（2）检验方法：用专用卡具将螺栓实置于拉力试验机上进行拉力试验。试验时夹具张拉的移动速度不应超过 2smm/niu。

螺栓实物的抗拉强度计算截面积 A_s 是指的螺纹应力截面积，可按《紧固件机械性能螺栓、螺钉、螺柱》GB 3098.1 的表取值。

（3）超过最小拉力载荷直至螺栓拉断，其断裂位置应发生在杆部或螺纹部分，不应发生在螺头与杆部的交接处，否则即为不合格。

6.2.2 连接薄钢板采用的自攻钉、拉铆钉、射钉等其规格尺寸应与被连接钢板相匹配，并符合设计要求，其间距、边距等应满足设计要求。

检查数量：应按连接节点数抽查 1%，且不应少于 3 个。

检验方法：观察和尺量检查。

【要点说明】

薄钢板连接件都有一个适宜的连接厚度，设计根据连接强度、抗拔力、抗剪力、抗拉强度等进行连接设计计算确定紧固件的规格。

金属建筑围护系统中大量采用自攻钉、拉铆钉等连接，将金属压型板和檩条、支架、支座等次结构件连成一整体，以承受外荷载，同时根据围护系统的特点，这些连接应满足防水、密封的要求。

对自攻螺钉和拉铆钉等施工质量的检查重点应是紧固状况、间距边距，是否符合设计和标准要求。对于外露的钉头应满足防水要求，没有密封件，外露的拉铆应采用防水型拉铆钉。

Ⅱ 一 般 项 目

6.2.3 永久性普通螺栓紧固应牢固、可靠，外露丝扣不应少于 2 扣。

检查数量：应按连接节点数抽查 10%，且不应少于 3 个。

检验方法：观察和用小锤敲击检查。

6.2.4 自攻螺钉、拉铆钉、射钉等与连接钢板应紧固密贴，外观排列整齐。

检查数量：按连接节点数抽查 10%，且不应少于 3 个。

检验方法：观察或用小锤敲击检查。

【要点说明】

这两条是永久性普通螺栓和自攻螺钉、拉铆钉施工后外观质量检查。对于自攻螺钉和拉铆的检查，建议用目视观察检查。不但要检查钉的紧固情况，同时要注意，拧至过紧的情况产生钉周围的金属板的凹陷。

6.3 高强度螺栓连接

Ⅰ 主 控 项 目

6.3.1 钢结构制作和安装单位应分别进行高强度螺栓连接摩擦面（含涂层摩擦面）的抗滑移系数试验和复验，现场处理的构件摩擦面应单独进行摩擦面抗滑移系数试验，其结果应满足设计要求。

　　　　检查数量：按本标准附录 B 执行。

　　　　检查方法：检查摩擦面抗滑移系数试验报告及复验报告。

　　【要点说明】

　　抗滑移系数是高强度螺栓连接的主要设计参数之一，其值直接影响构件的承载力，因此构件摩擦面无论由制造厂处理还是由现场处理，均应对摩擦面的抗滑移系数进行测试，测得的抗滑移系数最小值，应符合设计要求。

　　抗滑移系数检验，宜按钢结构制造批进行。

　　由于抗滑移系数检验试件，是不能直接在构件上制取，只能通过试件模拟测定。为使试件能真实代表构件实际情况，规定试件与构件的相同条件，与所代表的构件同一材质、同一摩擦面处理工艺、同批制作、使用同一性能等级的高强度的螺栓连接副，在同一环境下存放。

　　制作厂每个检验批应加工六组试件，三组供制作厂构件出厂检验用，另三组供安装现场复验用。

　　本标准附录，B.0.6 具体规定高强度螺栓连接抗滑移系数检验：

　　1. 抗滑移系数检验批的划分：

　　制造厂和安装单位，分别以钢结构制造批为单位进行抗滑移系数检验，检验批可按分部工程（子分部工程）所含高强度螺栓数量划分，每 50000 个高强度螺栓用量的钢结构为一批，不足 50000 个高强度螺用量的钢结构也视为一批，选用两种及两种以上摩擦面处理（含涂层摩擦面）工艺时，每种处理工艺均需检验，抗滑移系数，每批三组试件。

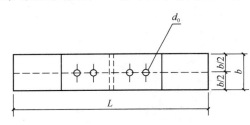

图 1-6-1　抗滑移系数试验

　　2. 抗滑移系数试件形式：

　　抗滑移系数试验采用双摩擦面的二栓拼接的拉力试件。见图 1-6-1。

　　3. 试件制作

　　抗滑移系数试件应由制造厂加工，试件与所代表的钢结构件应为同一材质、同批制作，采用同一摩擦面处理工艺和具有相同的表面状态（含有涂层）使用同一性能等级高强度螺栓连接副在同一环境下存放。

　　试件钢板厚度的选择应考虑到在摩擦面滑移之前，试件钢板的净截面始终处于弹性状态。

　　4. 试验结果评定

　　三个试件的抗滑移系数最小值，大于等于设计值试验结果评定为合格。

6.3.2　涂层摩擦面钢材表面处理应达到 Sa2½，涂层最小厚度应满足设计要求。

　　　　检查数量：按本标准附录 B 执行。

　　　　检验方法：检查除锈记录和抗滑移系数试验报告。

　　【要点说明】

　　涂层抗滑移系数与钢材表面处理及涂层厚度有关。涂层摩擦面的处理，应按设计要求进行。

6.3.3　高强度螺栓连接副应在终拧完成 1h 后、48h 内进行终拧质量检查，检查结果应符合本标准附录 B 的规定。

检查数量：按节点数抽查 10%，且不少于 10 个；每个被抽查到的节点，按螺栓数抽查 10%，且不少于 2 个。

检验方法：按本标准附录 B 执行。

【要点说明】

试验表明高强度螺栓连接副终拧 1h 后，螺栓预拉力的损失大部分已完成，在随后一两天内，预拉力损失趋于平稳，当超过一个月后，预拉力损失基本停止，但在外界环境影响下，螺栓扭矩系数会发生变化，影响施工检查结果的准确性。为了统一和便于操作本条规定检查时间统一在 1h 后，48h 之内完成。

附录 B.0.5 规定了高强度大六角头螺栓终拧质量检查方法及判定。

1. 高强度大六角头螺栓用扭矩法施工的检查：

（1）普查，用 0.3kg 的小锤敲击螺母侧面检查是否有漏拧；

（2）终拧扭矩检查数量：

按终拧后的节点数抽查 10%，且不应少于 10 个节点，对每个被抽查的节点，按其节点的螺栓数抽查 10%，且不少于 2 个螺栓；

（3）检查方法：先在螺杆端面和螺母上划一直线，然后将螺母拧松 60°，再用扭矩扳手重新拧紧，使两线重合；

（4）合格判定：测得扭矩值在 $0.9T_{ch}$～$1.1T_{ch}$ 范围内为合格，T_{ch} 应按下列计算：

$$T_{ch} = KPd$$

式中　K——扭矩系数，（施工紧固时扭矩系数值）；

　　　P——高强度螺栓预拉力设计值（kN）；

　　　D——高强度螺栓直径；

　　T_{ch}——检查扭矩（N·m）。

如发现扭矩超出上述范围，应再扩大一倍检查。仍有不合格者（即仍超出上述合格范围），则对整个节点的高强度螺栓重新施拧。

2. 高强度六角头螺栓用转角法施工的检查：

（1）普查，初拧后在螺母与相对应位置所画的终拧的起始线和终止线之间所夹的角度应达到规定值；

（2）终拧转角检查数量：

抽查终拧后节点数的 10%，且不少于 10 个节点；对于每个被抽查的节点，按螺栓数抽查 10%，且不少于 2 个螺栓；

（3）检查方法：

在螺杆端面（或是垫圈）和螺母相对位置画线，然后全部卸松螺母，再按规定的初拧扭矩和终拧角度，重新拧紧螺栓，测量终止线与原终止线画线间的夹角，应符合《钢结构高强度螺栓技术规程》JGJ 82 的要求。

（4）合格判定：

测量检查终止线与原始终止线画线间的夹角误差≤±30°者为合格，否则再扩大一倍检查，如仍有不合格者，则整个节点的高强度螺栓应重新施拧。

6.3.4　对于扭剪型高强度螺栓连接副，除因构造原因无法使用专用扳手拧掉梅花头者外，螺栓尾部梅花头拧断为终拧结束，未在终拧中拧掉梅花头的螺栓数不应大于该节点螺栓数的 5%，对所有梅花头未拧掉的扭剪型高强度螺栓连接副应采用扭矩法或转角法进行终拧并做标记，且按本标准第 6.3.3 条的规定进行终拧质量检查。

检查数量：按节点数抽查 10%，且不应小于 10 个节点，被抽查节点中梅花头未拧掉的扭剪型高强度螺栓连接副全数进行终拧扭矩检查。

检验方法：观察检查及按本标准附录 B 执行。

【要点说明】

本条是扭剪型高强度螺栓连接副的终拧检查。

本条的构造是指因设计等原因造成空间太小，无法使用专用扳手进行终拧的情况。在扭剪型高强度螺栓施工中，因安装顺序、安装方向考虑不周，或终拧时，因对专用电动扳手掌握不熟练或使用不当，致使终拧时，螺栓尾部梅花头打滑，无法拧掉。造成终拧扭矩是未知数，对此类螺栓应控制一定比例。

附录 B.0.4 条规定扭剪型高强度螺栓终拧检查，扭剪型高强度螺栓终拧检查，以目测螺栓尾部梅花头拧断者为合格。对于不能用专用扳手施拧的扭剪型高强度螺栓，可按高强度大六角头螺栓规定进行终拧质量检查。

Ⅱ　一　般　项　目

6.3.5　高强度螺栓连接副的施拧顺序和初拧、终拧扭矩应满足设计要求和现行行业标准《钢结构高强度螺栓连接技术规程》JGJ 82 的规定。

检查数量：全数检查资料。

检验方法：检查扭矩扳手标定记录和螺栓施工记录。

【要点说明】

高强度螺栓的初拧、复拧的目的是为了使被夹紧的钢板密贴起到摩擦面传力的作用，且螺栓紧固力均匀，避免后拧紧的螺栓影响先拧紧的螺栓的预紧力。对大型节点，强调安装顺序是防止节点中螺栓预拉力损失不均，影响连接的刚度。

6.3.6　高强度螺栓连接副终拧后，螺栓丝扣外露应为 2 扣～3 扣，其中允许有 10% 的螺栓丝扣外露 1 扣或 4 扣。

检查数量：按节点数抽查 5%，且不应小于 10 个。

检验方法：观察检查。

【要点说明】

本条实际上是涉及螺栓长度的选择，长度选择合适的话外露丝扣一般约二扣，标准规定是考虑板厚的公差以及计算长度时的修约等因素。

当螺栓公称直径确定后，螺栓长度一般按下式计算：

$$L = L' + \Delta L$$

式中　L——螺栓长度，mm；

L'——连接板层总厚度，mm；

ΔL——附加长度，mm。

$$\Delta L = m + ns + 3p$$

m——高强度螺母公称，$m = 1d$（螺栓公称直径）；

n——垫圈个数，扭剪型高强度螺栓 $n = 1$，大六角头高强度螺栓 $n = 2$；

s——垫圈公称厚度，mm；

p——螺纹的螺距。

根据上式计算出的螺栓长度 L，按修约间隔 5mm 进行修约。

高强度螺的附加长度也可参照表 1-6-1 选用。

高强度螺栓的附加长度 Δ**L**（单位：mm）　　　　　　　　　　表 1-6-1

螺栓公称直径	M$_{12}$	M$_{16}$	M$_{20}$	M$_{22}$	M$_{24}$	M$_{27}$	M$_{30}$
螺母公称厚度	12.0	16.0	20.0	22.0	24.0	27.0	30.0
垫圈公称厚度	3.0	4.0	4.0	5.0	5.0	5.0	5.0
螺纹螺距	1.75	2.00	2.50	2.50	3.00	3.00	3.50
大六角头高强度螺栓附加长度	23.0	30.0	35.5	39.5	43.0	46.0	50.5
扭剪型高强度螺栓附加长度	—	26.0	31.5	34.5	38.0	41.5	45.5

螺栓长度选择太长，拧紧后外露丝扣太多，紧固时螺母因为拧到无螺纹部分而拧不动，将造成螺栓连接副拧紧后达不到设计要求的预拉力。

6.3.7 高强度螺栓连接摩擦面应保持干燥、整洁，不应有飞边、毛刺、焊接飞溅物、焊疤、氧化铁皮、污垢等，除设计要求外摩擦面不应涂漆。

检查数量：全数检查。

检验方法：观察检查。

【要点说明】

飞边、毛刺、焊接飞溅物、焊疤、氧化铁皮、污垢等都会影响摩擦面两块钢板的密贴，进而导致连接承载力的降低。

6.3.8 高强度螺栓应自由穿入螺栓孔。当不能自由穿入时，应用铰刀修正，修孔数量不应超过该节点螺栓数量的 25%，扩孔后的孔径不应超过 1.2d（d 为螺栓直径）。

检查数量：被扩螺栓孔全数检查。

检验方法：观察检查及用卡尺检查。

【要点说明】

强行穿入螺栓会损伤丝扣，改变高强度螺栓连接副的扭矩系数，甚至螺母都无法拧紧，所以强调自由穿入。气割扩孔很不规则，也不好掌握，既削弱构件有效截面积，同时，也减少连接传力面积，还会使扩孔后钢材产生缺陷，故规定不得气割扩孔，最大扩孔量的限制也是基于构件有效截面积和摩擦传力面积考虑。

7 钢零件及钢部件加工

7.2 切　　割

Ⅰ 主 控 项 目

7.2.1 钢材切割面或剪切面应无裂纹、夹渣、毛刺和分层。

检查数量：全数检查。

检验方法：观察或用放大镜，有疑义时应作渗透、磁粉或超声波探伤检查。

【要点说明】

加工前，应对钢材的外形尺寸、表面缺陷及外观缺陷进行检查。切割前应将钢材切割区域表面 50mm 范围内的铁锈、污物等清除干净。

1. 外形尺寸应在钢材负偏差以内，否则应经设计同意或按小一级规格钢材使用。钢材厚度的负偏差值见表 1-7-1～表 1-7-7。

钢板和钢带厚度负偏差值（mm）　表 1-7-1

钢板厚度	3～3.5	>3.5～4	>4～5.5	>5.5～7.5	>7.5～25	>25～30	>30～34	>34～40	>40～50	>50～60	>60～80	>80～100	>100～150
负偏差值	0.29	0.33	0.5	0.6	0.8	0.9	1.0	1.1	1.2	1.3	1.8	2.0	2.2

宽翼 H 型钢厚度负偏差值（mm）　表 1-7-2

截面高度尺寸	$H \leqslant 220$	$220 < H \leqslant 500$	$550 < H$
翼板厚度负偏差值	1.5	2.0	2.5
截面高度尺寸	$H \leqslant 260$	$260 < H \leqslant 700$	$700 < H$
腹板厚度负偏差值	1.0	1.5	2.0

窄翼 H 型钢厚度负偏差值（mm）　表 1-7-3

截面高度尺寸	$H \leqslant 120$	$120 < H \leqslant 270$	$270 < H$
翼板厚度负偏差值	1.0	1.5	2.0
腹板厚度负偏差值	0.5	0.75	1.0

普通工字钢腹板厚度负偏差值（mm）　表 1-7-4

型号	≤140	>140～180	>180～300	>300～400	>400～630
负偏差值	0.5	0.5	0.7	0.8	0.9

普通槽字钢腹板厚度负偏差值（mm）　表 1-7-5

型号	50～80	>80～140	>140～180	>180～300	>300～400
负偏差值	0.4	0.5	0.6	0.7	0.8

角钢肢厚度负偏差值（mm）　表 1-7-6

角钢	等边角钢				不等边角钢			
型号	20～56	63～90	100～140	160～200	25/16～56/36	63/40～90/56	100/63～140/90	160/（100～125）
负偏差值	0.4	0.6	0.7	1.0	0.4	0.6	0.7	1.0

钢管厚度负偏差值（mm）　表 1-7-7

管壁厚度	热轧（挤压、扩）管			冷拔（扎）管		
	≤4	>4～20	>20	≤1	>1～3	>3
负偏差值	12.5%	12.5%	12.5%	0.15	10%	10%

2. 表面缺陷可按下述要求进行处理：

（1）锈蚀：是普遍存在的问题，根据现行国家标准《涂装前钢材表面锈蚀等级和除锈等级》GB 8923，对涂装前钢材表面原始锈蚀程度分为四个锈蚀等级，分别以 A、B、C、D 表示。

A 级钢材，全面地覆盖着氧化皮而几乎没有铁锈的钢材表面，这是最理想的情况，不需要处理（涂装要求处理除外，以下同）；

B 级钢材，已发生锈蚀，且部分氧化皮已经剥落，但无点蚀的钢板表面，麻点细小，亦不需处理；

C 级钢材，氧化皮已因锈蚀而剥落或可刮除，且有少量点蚀的钢板表面，麻点深度一般不超过 0.5mm，个别麻点深度大于 0.5mm 时，可补焊磨平；

D 级钢材，氧化皮已因锈蚀而全面剥落，且普遍发生点蚀的钢材表面，麻点深度一般都超过 0.5mm，且分布面积大，此种钢材原则上不应使用。如确需使用，应经设计单位同意，且只能用在次要部位上。

（2）麻点：由于轧制时氧化皮未清除干净，轧制后呈块状分布在钢材表面，可按 C 级钢材的方法处理；如分布面积较大且集中，则切除不用。

（3）划痕：在轧制、运输、加工过程中均可能发生，划痕深度在 0.5mm 及以下时，可不需要处理；当超过 0.5mm 时，划痕与受力方向平行，可用强度相当的低氢型焊条进行修补磨平；划痕与受力方向垂直，则应切除不用。

（4）重皮（结疤）：钢材表面出现呈舌状或鱼鳞片的翘起薄片，如在钢材的边缘、端部则尽可能切除不用，如在钢材的中间部分，可将此重皮铲除干净后，用强度等级相当的低氢型焊条补焊磨平，并作磁粉探伤检查。

（5）分层：见图 1-7-1，是钢材常见的缺陷，尤以沸腾钢的中、厚板出现较多，有时在断口处，有时要经过气割或焊接时才能发现。当出现分层时，要用 10 倍以上放大镜和超声波探伤仪检查其长度和深度。当其长度 a 和深度 b 均在 50mm 范围内时，在边缘分层两端各延长 15mm，用铲削、碳弧气刨或修磨等方法加工成坡口，用小于 ϕ4mm 强度等级相当的低氢型焊条补焊磨平；当深度 b 大于 50mm，累计长度小于边缘长度 L（B）的 20% 时，除边缘可按上述方法处理外，还应处理在板面上开槽或钻孔增加塞焊；当分层区

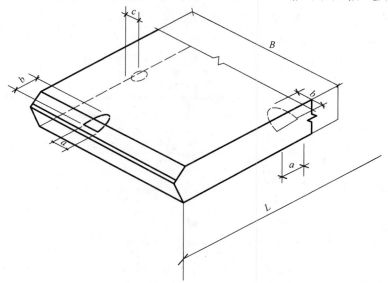

图 1-7-1　钢材常见缺陷示意图

不在边缘，而距板边 C 大于 20mm 时，原则上可不作处理；当分层累计面积超过板面积的 20%或需补焊的累计长度超过板边缘长度的 20%，则该部分钢材不能使用。

（6）裂纹：钢材出现裂纹时，此部分钢材不得使用，在已焊好的部件上才发现裂纹，要用磁粉探伤检查其起点和终点，各钻一个 ϕ6mm 的止裂孔，用碳弧气刨刨到裂纹根部，用低氢型焊条补焊磨平，作磁粉和超声波探伤检查，此种处理方法应根据工程特点慎重考虑。

（7）发纹：与裂纹相似，只是深度较浅，一般都在 0.5mm 以内，可用修磨的办法处理，修磨后应用磁粉探伤复验，确认已清除干净，方可使用。深度超过 0.5mm 时，则与裂纹相同。

（8）气泡：在钢材表面形成圆形凸包，表层很薄，清除表层，补焊磨平。

（9）辊印：在钢材表面有条状或片状周期性出现的痕迹，但凹凸不平很小，不需处理。

（10）折叠：一般出现在钢材的两侧边，与分层不同的是折叠深度较浅，约 10mm 左右，在下料时切除此部分即可。

（11）几点说明：

1）以上提出的只是一般情况的处理方法，对具体情况仍要具体分析，提出更具体的处理方案方可施工；

2）除切除不用外，其他处理均应经技术负责人提出具体处理方案，施工小组无权自行处理；

3）以上所列钢材表面质量，对结构影响大的主要是裂纹，分层和已达到 D 级钢材的表面缺陷，处理时要特别慎重。

3. 最常见的钢材外观缺陷有：弯曲、波浪弯、瓢曲、扭转、翼缘倾斜、腹板翘曲、钢管椭圆、角钢缺棱、厚薄不均等，在加工前应经矫正或废弃不用，符合《标准》规定后，方可加工。

Ⅱ 一 般 项 目

7.2.2 气割的允许偏差应符合表 7.2.2 的规定。

检查数量：按切割面数抽查 10%，且不应少于 3 个。

检验方法：观察检查或用钢尺、塞尺检查。

<table>
<tr><td colspan="2" align="center">气割的允许偏差</td><td align="right">表 7.2.2</td></tr>
<tr><td align="center">项 目</td><td colspan="2" align="center">允许偏差（mm）</td></tr>
<tr><td align="center">零件宽度、长度</td><td colspan="2" align="center">±3.0</td></tr>
<tr><td align="center">切割面平面度</td><td colspan="2" align="center">0.05t，且不大于 2.0</td></tr>
<tr><td align="center">割纹深度</td><td colspan="2" align="center">0.3</td></tr>
<tr><td align="center">局部缺口深度</td><td colspan="2" align="center">1.0</td></tr>
</table>

注：t 为切割面厚度。

【要点说明】

1. 气割（热切割或火焰气割）应优先采用数控切割、精密切割、半自动切割，型钢可用多维切割。当无条件采用上述切割时，可采用手工切割并配用靠模等辅助工具，同时还应预留 2～3mm 的加工余量，进行机加工或用砂轮修磨平整。

2. 长条形钢板零件，两侧长割缝宜同时气割，以防弯曲变形；无条件同时气割时，宜采取分段气割，割缝两端及分段之间暂时留30~50mm不割断，待割缝冷却后，再将各连接处切开。

3. 气割应在专用平台上进行，平台与被切割钢板之间应为线状或点状接触。

气割用氧气纯度应在99.5%以上，乙炔纯度应在96.5%以上，丙烷纯度应在98%以上。

4. 气割面表面质量应符合下列要求：

（1）切割面平面度 u 见表1-7-8，即应实际切割面上最高点和最低点，按理论切割面倾角方向所作两条平行线的间距，应符合 $u \leqslant 0.05t$，且不大于2.0mm。

切割面平面度

表1-7-8

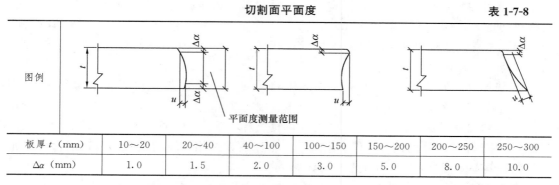

板厚 t（mm）	10~20	20~40	40~100	100~150	150~200	200~250	250~300
$\Delta\alpha$（mm）	1.0	1.5	2.0	3.0	5.0	8.0	10.0

（2）切割面割纹深度（表面粗糙度）h 见图1-7-2，即在沿着切割方向20mm长切割面上，以理论切割为基准轮廓，实际轮廓峰顶线与峰底线之间的距离，$h \leqslant 0.20$mm。考虑到钢板厚度的因素，当钢板厚度 $t > 100~150$mm，则 $h \leqslant 0.30$mm；当 $t > 150~200$mm，则 $h \leqslant 0.40$mm；当 $t > 200~300$mm，则 $h \leqslant 0.50$mm。

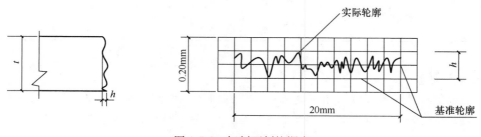

图1-7-2 切割面割纹深度

（3）局部缺口深度，在切割面上形成的宽度、深度及形状不规则的缺陷，使均匀的切割面产生中断，其深度应小于等于1.0mm。

（4）气割表面应清除毛刺和熔渣。

5. 钢材切割面或剪切面应无裂纹、夹渣、分层和大于1mm的缺棱。

7.2.3 机械剪切的允许偏差应符合表7.2.3的规定。机械剪切的零件厚度不宜大于12.0mm，剪切面应平整。碳素结构钢在环境温度低于 -16℃，低合金结构钢在环境温度低于 -12℃时，不得进行剪切、冲孔。

检查数量：按切割面数抽查10%，且不应少于3个。

检验方法：观察检查或用钢尺、塞尺检查。

机械剪切的允许偏差 表 7.2.3

项 目	允许偏差（mm）
零件宽度、长度	±3.0
边缘缺棱	1.0
型钢端部垂直度	2.0

【要点说明】

1. 剪切仅用于较薄钢板的直线边及型钢的剪切，钢材厚度宜小于 12mm；对直接承受动荷载结构的零件，外露边缘应预留 3mm 以上的加工余量，进行刨边处理。

2. 钢材在剪切过程中，一部分是剪断而另一部分则是撕断，其切断面边缘，产生很大的剪切应力，在剪切边缘 2～3mm 范围内，形成严重的冷作硬化区，使钢构件脆性增大，为此要求碳素结构钢在环境温度低于－16℃、低合金结构钢在环境温度低于－12℃时，不得进行剪切和冲孔。

3. 剪切边缘的飞边、毛刺等应清除干净，切口平整，断口处不得有裂纹和大于 1.0mm 的缺棱，其剪切的允许偏差应符合本标准的规定。

4. 型钢宜采用锯切，其切割质量较剪切和气割均好，应优先采用。

7.2.4 用于相贯连接的钢管杆件宜采用管子车床或数控相贯线切割机下料，钢管杆件加工的允许偏差应符合表 7.2.4 的规定。

检查数量：按杆件数抽查 10%，且不应少于 3 个。

检验方法：观察检查或用钢尺、塞尺检查。

钢管杆件加工的允许偏差（mm） 表 7.2.4

项 目	允许偏差
长 度	±1.0
端面对管轴的垂直度	$0.005r$
管口曲线	1.0

注：r 为钢管半径。

【要点说明】

网架钢管杆件平直端宜采用锯切或机床切割，管口相贯曲线（管口曲线）宜采用数控相贯线切割机切割：钢管与焊接球焊接时，应预留焊接收缩余量。

7.3 矫 正 和 成 型

Ⅰ 主 控 项 目

7.3.1 碳素结构钢在环境温度低于－16℃、低合金结构钢在环境温度低于－12℃时，不应进行冷矫正和冷弯曲。

检查数量：全数检查。

检验方法：检查制作工艺报告和施工记录。

【要点说明】

1. 钢材和零件的矫正，应在平板机和型材矫直机上进行；当钢板较厚时，可采用压力机或火焰加热矫正；采用手工锤击矫正时，应采取加锤垫等措施，防止凹痕、锤印等损伤。

2. 冷矫正和冷弯曲一般应在常温下进行，由于钢材在低温下，其塑性、韧性均相应降低，为避免钢材在冷矫正和冷弯曲时发生脆裂，为此要求碳素结构钢在环境温度低于 −16℃，低合金结构钢在环境温度低于 −12℃ 时，不得进行冷矫正和冷弯曲。

7.3.2 热轧碳素结构钢和低合金结构钢，当采用热加工成型或加热矫正时，加热温度、冷却温度等工艺应符合国家现行标准《钢结构工程施工规范》GB 50755 规定。

检查数量：全数检查。

检验方法：检查制作工艺报告和施工记录。

【要点说明】

加热矫正和热加工成形应符合下列要求：

1. 热矫正的加热温度，应根据钢材性能选定，一般情况下温度低于 600℃ 时矫正效果不大；而 800～900℃ 是塑性变形的理想温度，但不得超过 900℃，超过时，钢材表面易渗碳甚至过烧，低合金结构钢加热矫正后应缓慢冷却。

2. 矫正时，同一部位加热不应超过两次。

3. 热加工成形（热弯曲等）的加热温度，宜控制在 900～1000℃；碳素结构钢在温度下降到 700℃ 之前，低合金结构钢在温度下降到 800℃ 之前，应结束加工，这是根据钢材的相变点作出的规定，结束加工温度低于上述规定时，钢材容易出现蓝脆；低合金结构钢应缓慢冷却。

Ⅱ 一 般 项 目

7.3.3 矫正后的钢材表面，不应有明显的凹痕或损伤，划痕深度不得大于 0.5mm，且不应大于该钢材厚度允许负偏差的 1/2。

检查数量：全数检查。

检验方法：观察检查和实测检查。

【要点说明】

1. 钢管冷弯曲和热弯曲成型应在弯管机上弯曲成型。为防止钢管局部变形，宜在钢管内灌注干砂（砂应烘干）填实，两端应封堵，并留适量排气孔。

2. 焊接钢管在卷板机上弯曲成型，在弯曲前钢板两端应进行"压头"处理，以消除两端直头，"压头"的弧度应略大于弯曲弧度。

3. 矫正和弯曲成形的零件表面，不应有明显的凹痕或损伤，划痕深度不得大于 0.5mm。其允许偏差应符合本标准的规定。

7.3.4 钢板、型钢冷矫正的最小曲率半径和最大弯曲矢高应符合表 7.3.4 的规定。

检查数量：按冷矫正的件数抽查 10%，且不应少于 3 个。

检验方法：观察检查和实测检查。

冷矫正的最小曲率半径和最大弯曲矢高（mm）   表 7.3.4

钢材类别	图例	对应轴	冷矫正	
			最小曲率半径 r	最大弯曲矢高 f
钢板扁钢		x-x	$50t$	$\dfrac{l^2}{400t}$
		y-y（仅对扁钢轴线）	$100b$	$\dfrac{l^2}{800b}$

续表

钢材类别	图例	对应轴	冷矫正	
			最小曲率半径 r	最大弯曲矢高 f
角钢		x-x	$90b$	$\dfrac{l^2}{720b}$
槽钢		x-x	$50h$	$\dfrac{l^2}{400h}$
		y-y	$90b$	$\dfrac{l^2}{720b}$
工字钢、H 型钢		x-x	$50h$	$\dfrac{l^2}{400h}$
		y-y	$50b$	$\dfrac{l^2}{400b}$

注：l 为弯曲弦长；t 为钢板厚度；h 为型钢高度；r 为曲率半径；f 为弯曲矢高。

7.3.5 板材和型材的冷弯曲成型最小曲率半径应符合表 7.3.5 的规定。

检查数量：全数检查。

检验方法：观察检查和实测检查。

冷成型加工的最小曲率半径　　　　　　　　表 7.3.5

钢材类别		图例	冷弯最小曲率半径 r		备注
热轧钢板	钢板卷压成钢管		碳素结构钢	$15t$	—
			低合金结构钢	$20t$	
	平板弯成 120°～150°		碳素结构钢	$10t$	
			低合金结构钢	$12t$	
	方矩管弯直角		碳素结构钢	$3t$	
			低合金结构钢	$4t$	

钢材类别	图例	冷弯最小曲率半径 r		备注
热轧无缝钢管		碳素结构钢	$20d$	—
		低合金结构钢	$25d$	
冷成型直缝钢管		碳素结构钢	$25d$	焊缝放在中心线以内受压区
		低合金结构钢	$30d$	
冷成型方矩管		碳素结构钢	$30h(b)$	焊缝放置在弯弧中心线位置
		低合金结构钢	$35h(b)$	
热轧 H 型钢		碳素结构钢	$25h$	也适用于工字钢和槽钢对高度弯曲
		低合金结构钢	$30h$	
		碳素结构钢	$20b$	
		低合金结构钢	$25b$	
槽钢、角钢		碳素结构钢	$25b$	—
		低合金结构钢	$30b$	

注：Q390 及以上钢材冷弯曲成型最小曲率半径应通过工艺试验确定。

【要点说明】

冷弯后钢材力学性能发生变化，屈服强度有所提高，伸长率降低，但抗拉强度基本不变，塑性性能降低。材料变形量越大，塑性降低越明显，本标准通过试验对冷加工成型的最小曲率半径和最大弯曲矢高作出规定。

冷矫正和冷弯曲的最小曲率半径和最大弯曲矢高应符合本标准的规定。当弯曲半径小于本规定时，应采用加热后矫正和热弯曲。

7.3.7　钢管弯曲成型和矫正后的允许偏差应符合表 7.3.7 的规定。

检查数量：全数检查。

检验方法：用样板和尺（仪器）实测检查。

钢管弯曲成型和矫正后的允许偏差（mm） 表 7.3.7

项目	允许偏差	检查方法	图 例
直径	$\pm d/200$，且$\leqslant \pm 3.0$	卡尺	
钢管、箱形杆件侧弯	$l < 4000$，$\Delta \leqslant 2.0$ $4000 \leqslant l < 16000$，$\Delta \leqslant 3.0$ $l \geqslant 16000$，$\Delta \leqslant 5.0$	用拉线和钢尺检查	L
椭圆度	$f \leqslant d/200$，且$\leqslant 3.0$	用卡尺和游标卡尺检查	d f
曲率 （弧长＞1500mm）	$\Delta \leqslant 2.0$	用样板 （弦长$\geqslant$1500mm）检查	1500

7.3.8 钢板压制或卷制钢管时，应符合下列规定：

1 完成压制或卷制后，应采用样板检查其弧度，样板与管内壁的间隙应符合表 7.3.8 的规定。

样板与管内壁的允许间隙（mm） 表 7.3.8

序号	钢管直径 d	样板弦长	样板与壁的允许间隙
1	$d \leqslant 1000$	$d/2$，且不小于 500	1.0
2	$1000 < d \leqslant 2000$	$d/4$，且不小于 1500	1.5

2 完成压制或卷制后，对口错边 $t/10$（t 为壁厚）且不应大于 3mm。

3 压制或卷制时，不得采用锤击方法矫正钢板。

检查数量：全数检查。

检验方法：用套模或游标卡尺检查。

【要点说明】

7.3.7～7.3.8 弯曲成形的杆件或构件应采用弧形样板检查。当零件弦长大于 1500mm 时，样板弦长不应小于 1500mm；当零件弦长小于 1500mm 时，样板弦长不应小于零件弦长的 2/3；成形部位与样板的间隙符合本标准的规定。

<h2 style="text-align:center">7.4 边 缘 加 工</h2>

Ⅰ 主 控 项 目

7.4.1 气割或机械剪切的零件需要进行边缘加工时，其刨削余量不宜小于 2.0mm。

检查数量：全数检查。

检验方法：检查工艺报告和施工记录。

【要点说明】

需要进行边缘加工的零件，如接触顶紧面、坡口面钢吊车梁翼缘板边缘以及由于切割下料产生硬化的边缘和设计或合同要求边缘加工的零件，根据其精度要求可采用刨床或铣床加工，号料时应预留刨削余量，刨削加工量不应小于2.0mm。

对于气割的零件，当需要消除热影响边，进行边缘加工时最小加工余量为2.0mm。当用机械加工边缘时，其加工深度应能保证把表面缺陷清除掉，但加工深度也不能小于2.0mm。加工后的表面不应有损伤。

Ⅱ 一 般 项 目

7.4.2 边缘加工的允许偏差应符合表7.4.2的规定。

检查数量：按加工面数抽查10%，且不应少于3个。

检验方法：观察检查和实测检查。

边缘加工的允许偏差 表7.4.2

项目	允许偏差	项目	允许偏差
零件宽度、长度	±1.0mm	加工面垂直度	$0.025t$，且不大于0.5mm
加工边直线度	$l/3000$，且不大于2.0mm	加工面表面粗糙度	$R_a \leqslant 50\mu m$

注：l 为加工边长度；t 为加工面的厚度。

【要点说明】

边缘加工尺寸超过本条规定的允许偏差，可能导致零件外形不能满足组装要求，影响组装质量，乃至构件受力性能。加工边缘直线度偏差不得与尺寸偏差叠加。边缘加工过程中应加强检查，不符合要求随时修正或更换。

7.5 球 节 点 加 工

Ⅰ 主 控 项 目

7.5.1 螺栓球成型后，表面不应有裂纹、褶皱和过烧。

检查数量：每种规格抽查5%，且不应少于3个。

检验方法：用10倍放大镜观察检查或表面探伤。

7.5.2 封板、锥头、套筒表面不得有裂纹、过烧及氧化皮。

检查数量：每种规格抽查5%，且不应少于3个。

检验方法：用10倍放大镜观察检查或表面探伤。

7.5.3 封板、锥头与杆件连接焊缝质量应满足设计要求，当设计无要求时应符合本标准第5章规定的二级焊缝质量等级标准。

检查数量：每种规格抽查5%，且不应少于3根。

检验方法：超声波探伤或检查检验报告。

7.5.4 焊接球的半球由钢板压制而成，钢板压成半球后，表面不应有裂纹、褶皱，焊接球的两半球对接处坡口宜采用机械加工，对接焊缝表面应打磨平整。

检查数量：每种规格抽查5％，且不应少于3个。

检验方法：用10倍放大镜观察检查或表面探伤。

【要点说明】

7.5.1～7.5.4 螺栓球、锥头、焊接球均需经加热、锻造或压制成型，若加热温度控制不好或操作不善锻造温度过低易出现裂纹和褶皱，温度过高易出现过烧，材质发生热脆、塑性下降。螺栓球或焊接球，出现裂纹、褶皱和过烧，均会降低球材质的力学性能，影响网架结构承载力和使用寿命。

7.5.5 焊接球的焊缝质量应满足设计要求，当设计无要求时应符合本标准第5章规定的二级焊缝质量等级标准。

检查数量：每种规格抽查5％，且不应少于3个。

检验方法：超声波探伤或检查检验报告。

【要点说明】

钢网架结构用的焊接球、螺栓球，是网架杆件交汇相互连接的受力部件，一般由专业产品制造厂提供，或提供毛坯，网架施工单位应按《标准》对原材料及成品进行验收，检查其强度检验报告、产品合格证书。

焊接球外观质量和允许偏差应符合下列规定：

1. 焊接球采用钢板热压成半圆球，表面光滑不得有裂纹、褶皱、无明显波纹及局部凹凸不大于1.5mm，机械加工坡口后焊接成圆球，机械加工坡口使间隙一致焊缝均匀，以免出现焊缝大小不均、咬肉、夹渣等缺陷，降低焊缝连接强度。焊缝余高±0.5mm在安管处应修磨平整，焊缝质量应符合设计要求和《标准》规定；

2. 焊接球可分为不加肋（焊缝为单面焊双面成形）（见图1-7-3）和单向加肋焊接空心球（肋板加于两个半球拼接环缝处，兼作焊接时的钢垫板）两类产品，当受力需要时，可制成双相加肋焊接空心球（图1-7-4）。

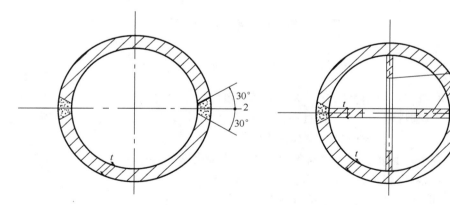

图1-7-3 不加肋焊接空心球　　　　图1-7-4 加肋焊接空心球

7.6 铸 钢 件 加 工

Ⅰ 主 控 项 目

7.6.1 铸钢件与其他构件连接部位四周150mm的区域，应按现行国家标准《铸钢件

超声检测　第1部分：一般用途铸钢件》GB/T 7233.1和《铸钢件　超声检测　第2部分：高承压铸钢件》GB/T 7233.2的规定进行100％超声波探伤检测。检测结果应符合国家现行标准的规定并满足设计要求。

　　检查数量：全数检查。

　　检验方法：检查探伤报告。

【要点说明】

　　由于铸钢节点形状比较复杂，且部分位置属于超声波探伤盲区，因此规定铸钢节点与其他部件连接的部位包括耳板上销轴连接孔四周各150mm区域内均需要100％进行超声波探伤检测（如该范围小于150mm，则需对全长进行探伤）。对于铸钢节点本体的其他部位当具备超声波探伤条件时，也应进行100％超声波检测。

　　超声波检测质量按设计要求或是按现行国家标准"铸钢件超声波探伤及质量评级方法"GB/T 7233的规定执行。

　　当检测部位为铸钢节点及其他构件连接部位时应为Ⅱ级；当检测部位为铸钢节点本体其他部位时，应为Ⅲ级。

Ⅱ　一　般　项　目

7.6.2　铸钢件连接面的表面粗糙度 R_a 不应大于 $25\mu m$。连接孔、轴的表面粗糙度不应大于 $12.5\mu m$。

　　检查数量：按零件数抽查10％，且不应少于3个。

　　检验方法：用粗糙度对比样板检查。

【要点说明】

　　铸钢节点、表面粗糙度评审按国家现行标准《铸造表面粗糙度评定方法》GB/T 15056进行。

　　铸钢件表面的粗糙度根据涂料种类确定，不同涂料有不同的要求，可根据涂料产品说明书确定，一般 $25\sim30\mu m$ 为宜。表面粗糙度大、油漆附着力强些，反之附着力差些。

　　铸钢节点与其他构件连接的焊接端口，一般为保证焊接质量，要求焊前进行表面打磨、其表面粗糙度 $R_a\leq25\mu m$ 而有超声波探伤要求的表面粗糙度应达到 $R_a\leq12.5\mu m$。

　　铸钢节点与销轴配合，需要机加工表面，对于这些机械加工的表面粗度应 $\leq12.5\mu m$。

7.7　制　孔

Ⅰ　主　控　项　目

7.7.1　A、B级螺栓孔（Ⅰ类孔）应具有H12的精度，孔壁表面粗糙度 R_a 不应大于 $12.5\mu m$，其孔径的允许偏差应符合表7.7.1-1的规定。C级螺栓孔（Ⅱ类孔），孔壁表面粗糙度 R_a 不应大于 $25\mu m$，其允许偏差应符合表7.7.1-2的规定。

　　检查数量：按钢构件数量抽查10％，且不应少于3件。

　　检验方法：用游标卡尺或孔径量规检查。

A、B 级螺栓孔径的允许偏差（mm） 表 7.7.1-1

序 号	螺栓公称直径、螺栓孔直径	螺栓公称直径允许偏差	螺栓孔直径允许偏差
1	10～18	0.00 −0.18	+0.18 0.00
2	18～30	0.00 −0.21	+0.21 0.00
3	30～50	0.00 −0.25	+0.25 0.00

C 级螺栓孔的允许偏差（mm） 表 7.7.1-2

项 目	允许偏差
直 径	+1.0 0.0
圆 度	2.0
垂直度	$0.03t$，且不应大于 2.0

注：t 为钢板厚度。

【要点说明】

1. 绞轴孔的加工，先用气割割出比设计孔小 10～15mm 的底孔，再进行铣孔或镗孔。

2. A、B 级螺栓孔（Ⅰ类孔），孔径与螺栓直径相同（等孔径），先可分件钻出比设计孔径小 1～2 级的孔，清除飞边、毛刺，待配合组装时，再进行铰孔或铣孔，应具有 H12 的精度，孔壁表面粗糙度 R_a 不应大于 $12.5\mu m$。

3. C 级螺栓孔（Ⅱ类孔），用于普通 C 级螺栓及高强度螺栓等，其孔径比螺栓直径大 1.5～3mm，孔壁表面粗糙度 R_a 不应大于 $25\mu m$。其制孔方法如下：

（1）用于普通 C 级螺栓时，可以直接号孔钻孔。

（2）用于高强度螺栓时，应优先采用数控钻床钻孔；当孔径，孔距相同，且数量较多时，亦可采用套模重叠钻孔，见图 1-7-5。

（3）用于高强度螺栓时，孔径、孔距不相同，且数量较少，宜采用规孔钻孔，见图 1-7-6 所示，对每个孔用划规按孔径规圆，除孔中心用冲钉打上冲眼外，在孔的圆周上与垂线相交处均打上冲眼；钻孔时孔周边每个冲眼应保留半个冲眼为合格。

（4）相同零件或相互连接零件，宜采用重叠配钻孔，并作好基准线（点）的标记。

（5）大于 50mm 直径的一般地脚螺栓（锚栓）孔或椭圆孔，可用数控切割或仿形气割，但孔壁边缘应修磨平整。

（6）钢材厚度小于 6mm 的普通 C 级螺栓孔，允许采用冲孔，但在本标准所指温度下不可冲孔。

（7）长圆孔可用数控切割机或仿形切割机气割，亦可在长圆孔的两端钻孔，再切除中间段阴影部分并修磨平整。见图 1-7-7。

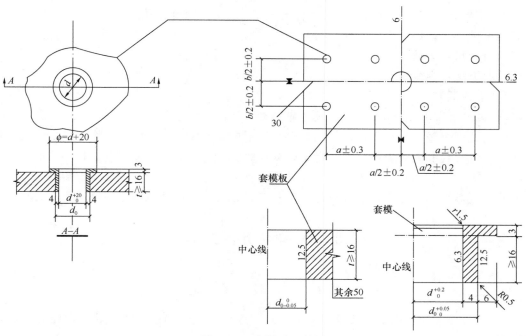

图 1-7-5 套模板示意图

注：1. 套模板采用 16Mn 或 Q235A 钢制作；

2. 套模采用 T8、GCr13、GCr15 等钢制作，其硬度应高于钻杆硬度 $R_c 2° \sim 3°$；

3. 内径 d 的偏差大于 0.4mm 时，套模应更换。

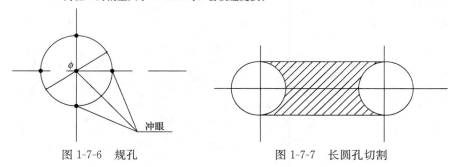

图 1-7-6 规孔   图 1-7-7 长圆孔切割

Ⅱ 一 般 项 目

7.7.2 螺栓孔孔距的允许偏差应符合表 7.7.2 的规定。

检查数量：按钢构件数量抽查 10%，且不应少于 3 件。

检验方法：用钢尺检查。

螺栓孔孔距允许偏差（mm）   表 7.7.2

螺栓孔孔距范围	≤500	501～1200	1201～3000	＞3000
同一组内任意两孔间距离	±1.0	±1.5	—	—
相邻两组的端孔间距离	±1.5	±2.0	±2.5	±3.0

注：1 在节点中连接板与一根杆件相连的所有螺栓孔为一组。

2 对接接头在拼接板一侧的螺栓孔为一组。

3 在两相邻节点或接头间的螺栓孔为一组，但不包括上述两款所规定的螺栓孔。

4 受弯构件翼缘上的连接螺栓孔，每 1m 长度范围内的螺栓孔为一组。

7.7.3　螺栓孔孔距的允许偏差超过本标准表 7.7.2 规定的允许偏差时，应采用与母材材料相匹配的焊条补焊后重新制孔。

检查数量：全数检查。

检验方法：观察检查。

【要点说明】

7.7.2～7.7.3　钻孔错误或超过允许偏差值时：

可将此部分错孔扩大孔径，扩孔最大直径不应大于螺栓直径的 1.2 倍，严禁用气割割孔，应用铣刀铣孔或者铰刀铰孔；对于较重要的零件错孔超过允许偏差值时，技术部门应根据具体情况制订严格的返工工艺，应更换零件或将错孔用电焊堵孔、磨平后重新钻孔；堵孔时应严禁在孔内填塞钢块，应全部用与钢材相匹配的低氢型焊条补焊。

8　钢构件组装工程

8.1　一　般　规　定

8.1.3　构件组装应根据设计要求、构件形式、连接方式、焊接方法和焊接顺序等确定合理的组装顺序。

8.1.4　板材、型材的拼接应在构件组装前进行。构件的组装应在部件组装、焊接、校正并经检验合格后进行。构件的隐蔽部位应在焊接、栓接和涂装检查合格后封闭。

【要点说明】

8.1.3～8.1.4　1. 为确保构件外形组装后到达设计要求，工厂应有符合设计要求的组装工艺，内容应涵盖 8.3.1 条。

2. 构件组装是将已经加工好的零件组装成单体构件或部件，视构件复杂程度而定。一般在组装平台或胎模（模架）上进行，平台及胎模均应牢固并测平，其平面度或高差均应小于等于 1/1000，且不得超过 4.0mm，平台上焊疤等应清理干净。

3. 组装应按工艺规定的组装次序进行，当有隐蔽焊缝时，必须先施焊。

4. 所有零件，当有弯曲或扭曲时，均应在组装前进行矫平、矫直，其平、直度应小于 1/1000，且无局部死弯。

5. 组装前对零、部件的规格、尺寸及数量等应进行检验确认，合格后方可组装。

6. 组装前，高强度螺栓连接接触面和沿焊接焊缝边缘每边 30～50mm 范围内的铁锈、毛刺、污垢、水分、锌层等应清除干净。

7. 钢板、型钢需要拼接时，应先拼接、对焊、检验、矫正合格后，再按零件尺寸划线、切割，其拼接部位，焊接方法，焊缝要求等由技术部门确定。

8.2　部件拼接与对接

Ⅰ　主　控　项　目

8.2.1　钢材、钢部件拼接或对接时所采用的焊缝质量等级应满足设计要求。当设计无要求时，应采用质量等级不低于二级的熔透焊缝，对直接承受拉力的焊缝，应采用一级熔透焊缝。

检查数量：全数检查。

检验方法：检查超声波探伤报告。

【要点说明】

本条针对钢材的拼接和钢部件对接焊缝的强度和质量等级提出要求。当设计无要求时，应按与母材等强考虑。根据部件的受力情况确定焊缝质量等级。

拼接时应注意拼接焊缝的强度不宜过强，以免热输入过多、导致母材出现"过烧"，引起拼接板的翘曲变形和较大的焊接收缩应力；拼接焊缝强度过弱，无法将两块拼接板件有效连接为一体，从而降低拼接板的整体承载力。

Ⅱ 一 般 项 目

8.2.2 焊接 H 型钢的翼缘板拼接缝和腹板拼接缝错开的间距不宜小于 200mm。翼缘板拼接长度不应小于 2 倍翼缘板宽且不应小于 600mm；腹板拼接宽度不应小于 300mm，长度不应小于 600mm。

检查数量：全数检查。

检验方法：观察和用钢尺检查。

【要点说明】

一般情况下可按下列规定执行：

1. 型钢拼接的最小长度应大于等于 2 倍截面长边宽或直径，且不小于 600mm。

2. 焊接 H 钢型及工字型梁的翼缘板只允许长度拼接，且板先拼接后下料，拼接长度应大于 2 倍板宽，不允许宽度拼接；拼接缝应与腹板拼接缝和加劲板相互错开 200mm 以上；腹板长度和宽度均允许拼接，拼接缝可为"十"字形或"T"字形，最小宽度应大于等于 300mm，最小长度应大于等于 600mm。

8.2.3 箱形构件的侧板拼接长度不应小于 600mm，相邻两侧板拼接缝的间距不宜小于200mm；侧板在宽度方向不宜拼接，当截面宽度超过 2400mm 确需拼接时，最小拼接宽度不宜小于板宽的 1/4。

检查数量：全数检查。

检验方法：观察和用钢尺检查。

【要点说明】

箱体截面的翼缘板一般也是长度拼接，板先拼接后下料，拼接长度应大于等于 2 倍板宽，但当翼缘板宽度大于等于 600mm 时，宽度方向亦可拼接，拼接板最小宽度应大于等于 300mm；翼缘板拼接缝应与腹板拼接缝和加劲板相互错开 200mm 以上；腹板拼接与工字形梁相同。所有拼接焊缝均为全熔透对接焊缝，应按设计要求的焊缝质量等级进行超声波探伤检查合格；厚度≤6mm 时，可用其他方法（x 射线或钻孔等）检查。

8.2.4 热轧型钢可采用直口全熔透焊接拼接，其拼接长度不应小于 2 倍截面高度且不应小于 600mm。动载或设计有疲劳验算要求的应满足其设计要求。

检查数量：全数检查。

检验方法：观察和用钢尺检查。

【要点说明】

随着焊接技术的发展和焊接工艺的成熟，全熔透焊接可保证型钢拼接的强度要求，本条规定允许直缝拼接，但对其最小拼接长度作出要求。

8.2.5 除采用卷制方式加工成型的钢管外，钢管接长时每个节间宜为一个接头，最短接长长度应符合下列规定：

1 当钢管直径 $d \leqslant 800mm$ 时，不小于 600mm；

2 当钢管直径 $d > 800mm$ 时，不小于 1000mm。

检查数量：全数检查。

检验方法：观察和用钢尺检查。

【要点说明】

本条适用于所有直径的圆钢管（含锥形钢管）的接长。钢管可分为焊接钢管、无缝钢管两类。焊接钢管根据其成型方式分为：卷制成型、压制成型和冷弯成型（即冷弯成型直径管）当钢管采用卷制成型时，由于受加工设备限制（卷板机）能加工的钢管长度（管节长度）最大为 4m，所以当采用卷制方式加工成型时，一个节间允许有多少接头（2 个以上的接头），但其最小拼接长度应满足本条规定。

8.3 组 装

Ⅰ 主 控 项 目

8.3.1 钢吊车梁的下翼缘不得焊接工装夹具、定位板、连接板等临时工件。钢吊车梁和吊车桁架组装、焊接完成后在自重荷载下不允许有下挠。

检查数量：全数检查。

检验方法：构件直立，在两端支撑后，用水准仪和钢尺检查。

【要点说明】

吊车梁及工字形截面梁，当设计要求起拱时，应按设计拱度将腹板边缘加工成抛物线或多边形折线（近似抛弧线），组装成工字形。

吊车梁（一般跨度不小于 18m）设计未要求起拱，但制作完后不得下挠，为保证不下挠，应采取相应措施：

梁的高度较小时，可采取先焊接下翼缘两条主角焊缝；

梁的高度较大时，仍可按上述办法预起拱。

当按抛物线起拱时，应先确定最大起拱高度（f_{max}），其余各起点拱高度（f_x）见图 1-8-1，可按下式计算：

$$f_x = \frac{4(L-x)x}{L^2} \cdot f_{max}$$

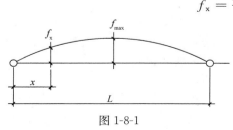

图 1-8-1

式中 f_x——所求各点起拱高度；

L——梁的跨度；

x——所求各点至梁端距离。

吊车梁是直接承受动力荷载的杆件，大量的试验和工程实际事实，在吊车梁受拉翼缘进行焊接，造成吊车梁在使用过程中，其受拉翼缘出现裂纹。据此本条对吊车梁的下翼缘（受拉）的禁止焊接作出明确规定。

Ⅱ 一 般 项 目

8.3.2 焊接 H 型钢组装尺寸的允许偏差应符合表 8.3.2 的规定。

检查数量：按钢构件数抽查 10%，且不应少于 3 件。

检验方法：用钢尺、角尺、塞尺等检查。

焊接 H 型钢组装尺寸的允许偏差（mm）　　　　　　　表 8.3.2

项 目		允许偏差	图 例
截面高度 h	h<500	±2.0	
	500≤h≤1000	±3.0	
	h>1000	±4.0	
截面宽度 b		±3.0	
腹板中心偏移 e		2.0	
翼缘板垂直度 △		b/100，且不大于 3.0	
弯曲矢高		l/1000，且不大于 10.0	—
扭曲		h/250，且不大于 5.0	—
腹板局部平面度 f	t≤6	4.0	
	6<t<14	3.0	
	t≥14	2.0	

8.3.3 焊接连接组装尺寸的允许偏差应符合表 8.3.3 的规定。

检查数量：按钢构件数抽查 10%，且不应少于 3 件。

检验方法：用钢尺、角尺、塞尺等检查。

焊接连接组装的允许偏差（mm）　　　　　　　　　　　　表 8.3.3

项目		允许偏差	图　例
对口错边 △		$t/10$，且不大于 3.0	
间隙 a		1.0	
搭接长度 a		±5.0	
缝隙 △		1.5	
高度 h		±2.0	
垂直度 △		$b/100$，且不大于 3.0	
中心偏移 e		2.0	
型钢错位 △	连接处	1.0	
	其他	2.0	
箱形截面高度 h		±2.0	
宽度 b		±2.0	
垂直度 △		$b/200$，且不大于 3.0	

【要点说明】

8.3.2～8.3.3　1. 由于 H 型钢受力性能好，便于机械化施工，可以直接制成构件或组合成各种截面形式的构件，是组成构件的主要部件，H 型钢有轧制和焊接两大类，对非标准的或变截面的 H 型钢大多是焊接而成，以弥补轧制规格、品种的不足，为此将其独立成节。

2. 翼缘板为长条形钢板，腹板为长条形或梯形钢板，均采用半自动或自动切割，气割边缘可不另行加工，当采用手工气割或剪切时，则需刨边处理。

3. 腹板与翼缘板的连接主焊缝，一般均为角焊缝，当设计有要求时，亦可采用 T 形接头对接和角接组合全熔透焊缝。

4. 编制组装工艺，组装顺序应根据结构形式、焊接方法和焊接顺序等因素确定；可以是一次组装，也可以分成多次组装，这样便于焊后对部件尺寸的修正调整，一般情况下，应先拼接后组装，先部件后构件，先内部后外部，先主体后副件，先中间后端部；同时应考虑焊接的可能性，焊接变形最小，且便于矫正；组装时应预留焊接收缩余量。

5. 构件的隐蔽部位应焊接、涂装，并检查合格后方可封闭，完全密闭的构件内表面可不涂装。

6. 需要在组装平台上放 1∶1 大样时，不能用直角尺作垂直线，应放线作垂直线，其最小边长不小于 1000mm。

7. 凡要求镀锌的构件，应根据镀锌槽的极限外形尺寸（长、宽、高），以确定组装成构件、部件或零件送镀锌，封闭式部件、构件需要钻镀锌工艺孔。

8. 零、部件镀锌后，进行构件组装时，应采用胎膜（模架）组装，不得在焊道以外打火引弧或点焊固定，亦不得采用加热矫正变形，以免损伤镀锌层。

9. 非镀锌件采用夹具组装时，拆除夹具应用气割切除，不损伤母材，对残留的焊疤等应修磨平整。

10. 构件组装时，应预留焊接收缩余量。

11. 焊接部位组装偏差：

焊接接头的纯边：反面不清根±2.0mm，反面清根不限制；

无垫板接头根部间隙：反面不清根±2.0mm，反面清根±2.0mm；

带垫板接头根部间隙：反面不清根−2.0mm～＋4.0mm；

接头坡口角度：反面不清根±5°，反面清根±5°。

8.4 端部铣平及顶紧接触面

Ⅰ 主 控 项 目

8.4.1 端部铣平的允许偏差应符合表 8.4.1 的规定。

检查数量：按铣平面数量抽查 10%，且不应少于 3 个。

检验方法：用钢尺、角尺、塞尺等检查。

端部铣平的允许偏差（mm）　　　　　　　　　　表 8.4.1

项目	允许偏差	项目	允许偏差
两端铣平时构件长度	±2.0	铣平面的平面度	0.3
两端铣平时零件长度	±0.5	铣平面对轴线的垂直度	$l/1500$

【要点说明】

对于设计要求支承顶紧传力的受压构件，工艺要求多节柱顶端以及大截面梁端部，应进行端部铣削加工。

为确保加工后的构件长度，加工面的平面度和铣平面对部件轴线的垂直度，端铣应在部件焊接、矫正等工序合格后才能进行端部加工，加工精度应符合本条规定。

Ⅱ 一 般 项 目

8.4.2 设计要求顶紧的接触面应有 75% 以上的面积密贴，且边缘最大间隙不应大于 0.8mm。

　　检查数量：全数检查。

　　检验方法：用 0.3mm 的塞尺检查，其塞入面积应小于 25%，边缘最大间隙不应大于 0.8mm。

8.4.3 外露铣平面和顶紧接触面应有防锈保护。

　　检查数量：全数检查。

　　检验方法：观察检查。

【要点说明】

　　8.4.2～8.4.3　1. 需要刨平顶紧的零件，刨平面表面粗糙度 R_a 不应大于 $50\mu m$，应有 75% 以上的面紧贴，在焊接前用 0.3mm 的塞尺检查，其塞入面积应小于 25%，边缘局部间隙不大于 0.8mm。

　　2. 端部铣平的允许偏差应符合《标准》的规定。外露铣平面应防锈保护。

8.5 钢构件外形尺寸

Ⅰ 主 控 项 目

8.5.1 钢构件外形尺寸主控项目的允许偏差应符合表 8.5.1 的规定。

　　检查数量：全数检查。

　　检验方法：用钢尺检查。

钢构件外形尺寸主控项目的允许偏差（mm）　　　　　表 8.5.1

项目	允许偏差
单层柱、梁、桁架受力支托（支承面）表面至第一安装孔距离	±1.0
多节柱铣平面至第一安装孔距离	±1.0
实腹梁两端最外侧安装孔距离	±3.0
构件连接处的截面几何尺寸	±3.0
柱、梁连接处的腹板中心线偏移	2.0
受压构件（杆件）弯曲矢高	$l/1000$，且不大于 10.0

注：l 为构件（杆件）长度。

【要点说明】

　　为保证安装工作的顺利进行，构件制作连接部位孔的加工、孔位尺寸等应严格控制这些尺寸，必须控制在标准允许偏差范围内，对于超过允许偏差的孔，应做出相应的技术处理。

　　工厂构件组装完成后自检，应对每个孔位尺寸进行检查，必须符合 8.5.1 规定。

Ⅱ　一　般　项　目

8.5.2　单节钢柱外形尺寸的允许偏差，应符合表8.5.2的规定。

检查数量：按钢构件数抽查10%，且不应少于3件。

检验方法：用钢尺、角尺、塞尺等检查。

单节钢柱外形尺寸的允许偏差（mm）　　　表8.5.2

项目		允许偏差	检查方法	图例
柱底面到柱端与桁架连接的最上一个安装孔距离 l		$\pm l/1500$，且不超过 ± 15.0	用钢尺检查	
柱底面到牛腿支承面距离 l_1		$\pm l_1/2000$，且不超过 ± 8.0		
牛腿面的翘曲 $\triangle$		2.0	用拉线、直角尺和钢尺检查	
柱身弯曲矢高		$H/1200$，且不大于12.0		
柱身扭曲	牛腿处	3.0	用拉线、吊线和钢尺检查	
	其他处	8.0		—
柱截面几何尺寸	连接处	± 3.0		
	非连接处	± 4.0	用钢尺检查	
翼缘对腹板的垂直度	连接处	1.5	用直角尺和钢尺检查	
	其他处	$b/100$，且不大于5.0		
柱脚底板平面度		5.0	用1m直尺和塞尺检查	—
柱脚螺栓孔中心对柱轴线的距离 a		3.0	用钢尺检查	

8.5.3　多节钢柱外形尺寸的允许偏差应符合表8.5.3的规定。

检查数量：按钢构件数抽查10%，且不应少于3件。

检验方法：用钢尺、角尺、塞尺等检查。

多节钢柱外形尺寸的允许偏差（mm）　　　　　　表 8.5.3

项目		允许偏差	检验方法	图例
一节柱高度 H		±3.0	用钢尺检查	
两端最外侧安装孔距离 l_3		±2.0		
铣平面到第一排安装孔距离 a		±1.0		
柱身弯曲矢高 f		$H/1500$，且不大于 5.0	用拉线和钢尺检查	
一节柱的柱身扭曲		$h/250$，且不大于 5.0	用拉线、吊线和钢尺检查	
牛腿端孔到柱轴线距离 l_2		±3.0	用钢尺检查	
牛腿的翘曲或扭曲 Δ	$l_2 \leqslant 1000$	2.0	用拉线、直角尺和钢尺检查	
	$l_2 > 1000$	3.0		
柱截面尺寸	连接处	±3.0	用钢尺检查	
	非连接处	±4.0		
柱脚底板平面度		5.0	用 1m 直尺和塞尺检查	
翼缘板对腹板的垂直度	连接处	1.5	用直角尺和钢尺检查	
	其他处	$b/100$，且不大于 3.0		
柱脚螺栓孔对柱轴线的距离 a		3.0	用钢尺检查	
箱型截面连接处对角线差		3.0		
箱型、十字形柱身板垂直度		$h(b)/150$，且不大于 5.0	用直角尺和钢尺检查	

8.5.4 复杂截面钢柱外形尺寸的允许偏差应符合表8.5.4的规定。

 检查数量：按钢构件数抽查10%，且不应少于3件。

 检验方法：用钢尺、角尺、塞尺等检查。

复杂截面钢柱外形尺寸的允许偏差（mm）　　　　表8.5.4

项目		允许偏差	图例
双箱体	箱形截面高度 h（连接处）	±4.0	
	箱形截面高度 h（非连接处）	+8.0 −4.0	
	翼板宽度 b	±2.0	
	腹板间距 b₀	±3.0	
	翼板间距 h₀	±3.0	
	垂直度 Δ	h/150，且不大于6.0	
三箱体	箱形截面尺寸 h（连接处）	±4.0	
	箱形截面尺寸 h（非连接处）	+8.0 −4.0	
	翼板宽度 b	±2.0	
	腹板间距 b₀	±3.0	
	翼板间距 h₀	±3.0	
	垂直度 Δ	不大于6.0	
特殊箱体	箱形截面尺寸 h（连接处）	±5.0	
	箱形截面尺寸 h（非连接处）	+12.0 −5.00	
	腹板间距 b₀	±3.0	
	翼板间距 h₀	±3.0	
	垂直度 Δ	h/150，且不大于5.0	
	箱形截面尺寸 b	±2.0	

【要点说明】

 8.5.2～8.5.4 钢柱顶面承受屋面静荷载，钢柱上的牛腿承受由吊车梁传递下来的动荷载，通过柱身传到柱脚底板。悬臂部分及相关的支承肋承受交变动荷载。所以柱底板的平直度、钢柱的侧弯等缺陷都将影响柱的受力和传力状况。为满足设计要求，标准列出了表8.5.2的值。设计图纸要求柱身与底板刨平顶紧的，要按标准要求，对接触面进行磨光、顶紧检查，以确保力的有效传递。8.5.4复杂截面钢柱外形尺寸是设计通过计算确定的截面，它是保证结构受力的，必须满足设计要求。8.5.2～8.5.3条除截面尺寸外的所有要求，均适用于8.5.4条复杂截面的钢柱的要求。

 柱组装完成后自检，应对每个构件的外形尺寸按8.5.2～8.5.4表进行检查。

8.5.5 焊接实腹钢梁外形尺寸的允许偏差应符合表8.5.5的规定。

 检查数量：按钢构件数抽查10%，且不应少于3件。

 检验方法：用钢尺、角尺、塞尺等检查。

焊接实腹钢梁外形尺寸的允许偏差（mm）   表 8.5.5

项目		允许偏差	检验方法	图例
梁长度 l	端部有凸缘支座板	0 −5.0	用钢尺检查	
	其他形式	$\pm l/2500$, 且不超过± 5.0		
端部高度 h	$h \leqslant 2000$	± 2.0		
	$h > 2000$	± 3.0		
拱度	设计要求起拱	$\pm l/5000$	用拉线和 钢尺检查	
	设计未要求 起拱	10.0 −5.0		
侧弯矢高		$l/2000$, 且不大于10.0		
扭曲		$h/250$, 且不大于10.0	用拉线、吊线 和钢尺检查	
腹板局部 平面度	$t \leqslant 6$	5.0	用1m直尺和 塞尺检查	
	$6 < t < 14$	4.0		
	$t \geqslant 14$	3.0		
翼缘板对腹板的垂直度		$b/100$,且 不大于3.0	用直角尺和 钢尺检查	—
吊车梁上翼缘与轨道接触面 平面度		1.0	用200mm、 1m直尺和 塞尺检查	—
箱形截面对角线差		3.0	用钢尺检查	
箱形截面两腹板至 翼缘板中心线 距离 a	连接处	1.0		
	其他处	1.5		
梁端板的平面度 （只允许凹进）		$h/500$,且 不大于2.0	用直角尺和 钢尺检查	—
梁端板与腹板的垂直度		$h/500$,且 不大于2.0	用直角尺和 钢尺检查	—

【要点说明】

焊接实腹钢梁，外形和尺寸偏差应符合表8.5.5规定。梁组装完成后，梁立位（安装状态）时，不应下挠，立位检查起拱尺寸及允许偏差。设计要求起拱的，必须满足设计规定，设计未要求的，按标准规定执行。

8.5.6 钢桁架外形尺寸的允许偏差应符合表8.5.6的规定。

检查数量：按钢构件数抽查10%，且不应少于3件。

检验方法：用钢尺、角尺、塞尺等检查。

钢桁架外形尺寸的允许偏差（mm） 表8.5.6

项目		允许偏差	检验方法	图例
桁架最外端两个孔或两端支承面最外侧距离 l	$l \leqslant 24m$	$+3.0$ -7.0	用钢尺检查	
	$l > 24m$	$+5.0$ -10.0		
桁架跨中高度		± 10.0		
桁架跨中拱度	设计要求起拱	$\pm l/5000$	用拉线和钢尺检查	
	设计未要求起拱	10.0 -5.0		
相邻节间弦杆弯曲		$l_1/1000$		
支承面到第一个安装孔距离 a		± 1.0	用钢尺检查	铣平顶紧支承面
檩条连接支座间距 a		± 3.0		

【要点说明】

控制钢桁架外形尺寸和孔距是为保证安装工作的顺利进行，在检查中应严格控制连接部位孔的加工、孔位尺寸，必须在表8.5.6的允许偏差范围之内，对于超出允许偏差的孔应作出处理。

设计要求起拱的必须满足设计要求，设计无要求的，按规范8.5.6条要求起拱。桁架起拱度检查时，桁架立位检查。

8.5.7 钢管构件外形尺寸的允许偏差应符合表8.5.7的规定。

检查数量：按钢构件数抽查10%，且不应少于3件。

检验方法：用钢尺、角尺、塞尺等检查。

钢管构件外形尺寸的允许偏差（mm）　　　　　　　　　表8.5.7

项目	允许偏差	检验方法	图例
直径 d	$\pm d/250$，且不大于± 5.0	用钢尺检查	
构件长度 l	± 3.0		
管口圆度	$d/250$，且不大于5.0		
管端面管轴线垂直度	$d/500$，且不大于3.0	用角尺、塞尺和百分表检查	
弯曲矢高	$l/1500$，且不大于5.0	用拉线、吊线和钢尺检查	
对口错边	$t/10$，且不大于3.0	用拉线和钢尺检查	

注：对方矩形管，d 为长边尺寸。

【要点说明】

焊接钢管结构的组装，应符合下列要求：

1. 焊接钢管构件系由若干个管段组成，各管段长度是按钢板的宽度而定，而周长则按管径确定，钢板切割的长宽尺寸允许偏差为± 3.0mm。

2. 管段的纵缝应先组对、焊接、矫正，应符合下列要求：

纵缝对口错边的允许偏差为$t/10$（t 为壁厚），且不大于3.0m；

管直径（d）的允许偏差为$\pm d/500$，且绝对值不大于3.0mm；

管口圆度允许偏差为$d/500$，且不大于3.0mm；

管口端面对管轴的垂直度为$d/500$，且不大于2.0mm。

3. 将各管段组装成构件，以等分点对等分点，且相邻两管段的纵缝应相互错开180°或90°，间隔的管段纵缝应对齐；环缝对口错边量应小于等于$t/10$，且不大于3.0mm。

8.5.9 钢平台、钢梯和防护钢栏杆外形尺寸的允许偏差，应符合表8.5.9的规定。

检查数量：按钢构件数抽查 10%，且不应少于 3 件。

检验方法：用钢尺、角尺、塞尺等检查。

钢平台、钢梯和防护钢栏杆外形尺寸的允许偏差（mm）　　　表 8.5.9

项目	允许偏差	检验方法	图例
平台长度和宽度	±5.0	用钢尺检查	
平台两对角线差 $\lvert l_1-l_2\rvert$	6.0		
平台支柱高度	±3.0		
平台支柱弯曲矢高	5.0	用拉线和钢尺检查	
平台表面平面度（1m 范围内）	6.0	用 1m 直尺和塞尺检查	
梯梁长度 l	±5.0	用钢尺检查	
钢梯宽度 b	±5.0		
钢梯安装孔距离 a	±3.0		
钢梯纵向挠曲矢高	$l/1000$	用拉线和钢尺检查	
踏步（棍）间距 a_1	±3.0	用钢尺检查	
栏杆高度	±3.0		
栏杆立柱间距	±5.0		

【要点说明】

平台、楼梯和防护栏杆，虽然是配套产品，但其制作质量直接影响人的安全。影响使用，必须确保其牢固性。

栏杆和楼梯一般分开制作，平台根据需要可以整件出厂，也可以分块出厂。各构件间相互关系的安装孔距，在制作中应作为重点检查项目进行控制，才能保证构件到现场安装质量。

9　钢构件预拼装工程

9.1　一　般　规　定

9.1.3　预拼装所用的支承凳或平台应测量找平，检查时应拆除全部临时固定和拉紧装置。

9.1.4　进行预拼装的钢构件，其质量除应符合本标准规定外，尚应满足设计要求。

【要点说明】

9.1.3～9.1.4　1. 预拼装时应根据预拼装工程的长、宽、高尺寸及单件的最大重量等，选择合适的场地及起吊设备等。

2. 场地应平整、坚实，在预拼装过程中，不积水、不下沉，道路应畅通，便于运输车辆及吊车的顺利通行。

3. 应根据预拼装工程的类型选定支垫形式，如枕木、型钢、支凳或钢平台等，支垫应测平，总平面度应小于1/1000，且应小于等于2.0mm。

4. 在支垫上应设置基准线（点），并设定测量基准点、标高等。

5. 预拼装前，检查单体构件应符合设计要求和本标准的规定。

6. 预拼装时，可采用夹具、卡具、过冲、拉索、倒链等进行临时固定；在进行检测时，除筒体结构、板结构可继续保留夹具、卡具固定外，其他构件的预拼装均应拆除所有临时固定装置，处于自由状态下进行检测。预拼装的允许偏差应符合本标准的规定。

7. 单体构件（如多节柱等）、筒体结构、板结构等预拼装，不能一次完成时，应将其分成若干个单元，每个单元不宜少于3个构件或三节筒体；当第一个单元预拼装完成，经检测合格后，将与第二单元相连的一个构件或一节筒体按已预拼装的状态保留，其余构件或筒体则拆除，再进行第二单元的预拼装；其余单元的预拼装则以此类推。

8. 在预拼装过程中，应调整两侧的中心线、孔位及间隙等，并作出中心线、控制基准线、间隙等标记及预拼装记录。

9. 平面总体预拼装，宜选择连接件多、连接复杂或用户要求的区段进行总体预拼装。

10. 拼装检查合格后，应标注中心线、控制基准线等标记，必要时应设置定位器。

9.2　实　体　预　拼　装

Ⅰ　主　控　项　目

9.2.1　高强度螺栓和普通螺栓连接的多层板叠，应采用试孔器进行螺栓孔通过率检查，并应符合下列规定：

1　当采用比孔公称直径小1.0mm的试孔器检查时，每组孔的通过率不应小于85%；

2　当采用比螺栓公称直径大0.3mm的试孔器检查时，通过率应为100%。

检查数量：按预拼装单元全数检查。

检验方法：采用试孔器检查。

【要点说明】

多层板叠的螺栓孔应采用试孔器进行检查，并应符合下列要求：

1. 当采用比孔公称直径小 1.0mm 的试孔器检查时，每组孔的通过率不应小于 85%；
2. 当采用比螺栓公称直径大 0.3mm 的试孔器检查时，每组孔的通过率应为 100%；
3. 通过率不符合上述要求时，可按本标准 7.7.3 条处理。

Ⅱ　一　般　项　目

9.2.2 实体预拼装时宜先使用不少于螺栓孔总数 10% 的冲钉定位，再采用临时螺栓紧固。临时螺栓在一组孔内不得少于螺栓孔数量的 20%，且不少于 2 个。

检查数量：按预拼装单元全数检查。

检验方法：观察检查。

【要点说明】

高强度螺栓连接的构件，组装时可用普通螺栓临时固定，螺栓直径与高强度螺栓直径相同，临时螺栓在一组孔内不得少于螺栓孔数量的 20%，且不应少于 2 个。

10　单层、多高层钢结构安装工程

10.1　一　般　规　定

10.1.1 本章可用于单层和多高层钢结构的主体结构、地下钢结构、檩条及墙架等次要构件、钢平台、马道、钢梯、防护栏杆等安装工程的质量验收。

【要点说明】

本章是将 2001 版的《钢结构工程施工质量验收规范》中的第 10 章"单层结构工程"和第 11 章"多层及高层钢结构工程"合并而成。新的第 10 章仍保持原来以构件类型分节的格局，条文中"柱"是单节柱和多节柱的统称，"柱"的各项规定单节柱和多节柱都适用。条文中"多节柱"安装的各项规定主要适用于多层及高层钢结构工程。

条文明确本章适用范围。

10.1.2 钢结构安装工程可按变形缝或空间稳定单元等划分成一个或若干个检验批，也可按楼层或施工段等划分为一个或若干个检验批。地下钢结构可按不同地下层划分检验批。

【要点说明】

本条是建议安装工程中分项工程检验批的划分原则。施工单位根据上述原则，并结合具体工程中各个分项工程的特点，划分分项工程检验批，并报监理审批。

检验批的划分是钢结构验收工作的基础，影响到验收工作是否能顺利，有效进行。

检验批的划分强调事先性，一旦确认，监理和施工单位都应遵守，按此进行验收，不允许随时随定。

一个分项工程划分成一个或若干检验批，有助于施工中出现的质量问题和落实过程控制，确保工程质量。

10.1.3 钢结构安装检验批应在原材料及构件进场验收和紧固件连接、焊接连接、防腐等分项工程验收合格的基础上进行验收。

【要点说明】

本条所述也是工序交接验的内容之一。同时也提出钢结构安装检验批验收时，必须满足下列条件时才可进行。

(1) 原材料(钢材、焊接材料、连接用紧固件等)检验批验收合格;

(2) 进场构件验收符合标准和设计要求;

(3) 高强度螺栓连接和抗滑移系数检验符合设计和标准要求;

(4) 焊接连接、焊缝外形及探伤检验符合设计及标准要求;

(5) 防腐、补漆检验批合格。

在上述 5 项验收合格,并形成稳定的空间刚度后进行验收。

10.1.4 结构安装测量校正、高强度螺栓连接副及摩擦面抗滑移系数、冬雨期施工及焊接等,应在实施前制定相应的施工工艺或方案。

【要点说明】

上述各项是钢结构安装的各主要工序,钢结构测量校正、高强度螺栓连接副及摩擦面的抗滑移系数试验、冬雨期施工及焊接工艺和焊接工艺评定等都是钢结构安装前应做的技术准备工作,并将其编制成专项方案,作为施工组织设计的补充和支持性文件。根据专项方案编制的工艺指导书,在施工前应向操作工人交底并做好交底记录。

设计院在结构设计计算时,构件受力状态是基于整体结构考虑的,且是一次性加载。而钢结构安装施工结构是逐步形成的,往往导致已安装的主体结构中部分杆件受力过大或变形过大,乃至超出设计状态,尤其表现在大跨度、超高层以及复杂的结构体系中,因此需要进行施工阶段的仿真计算,分析和验算施工各阶段的结构受力,(含临时支承的拆除和支承)确保施工方案的安全和可行。

10.1.5 安装偏差的检测,应在结构形成空间稳定单元并连接固定且临时支承结构拆除前进行。

【要点说明】

钢结构空间刚度单元,指由柱、梁、支撑体系组成的。一个独立的、有足够的刚度和可靠稳定性的空间结构,能独立存在,且能传递荷载的结构体系。此条明确安装偏差的检测是在临时支承架拆除前进行。

10.1.6 安装时,施工荷载和冰雪荷载等严禁超过梁、桁架、楼面板、屋面板、平台铺板等的承载能力。

【要点说明】

安装时的施工荷载,除施工人员外包括存放在作业面上的焊机;作业面上存放高强度螺栓及一些小型机具的工具箱、压型钢板板叠等。堆放前应对支承构件的承载力进行验算。

压型钢板楼层板在浇筑混凝土时应注意混凝土不宜集中堆放尽量平铺开,否则会引起压型钢板楼层板局部凹陷。

10.1.7 在形成空间稳定单元后,应立即对柱底板和基础顶面的空隙进行二次浇灌。

【要点说明】

钢结构安装必须保证结构稳定和不裂造成构件永久变形,这也是钢结构安装的基本要求。对稳定性较差的构件,施工前应进行稳定性验算,必要时,进行临时加固,当形成空间刚度单元后连接固定,并经检验合格,检测安装偏差后应该及时对柱底板和基础顶面的空隙进行细石混凝土、灌浆料等二次浇灌,保证安装精度。

10.1.8　多节柱安装时，每节柱的定位轴线应从基准面控制轴线直接引上，不得从下层柱的轴线引上。

【要点说明】

多节柱安装时，每节柱的定位轴线均有一定偏差，规定从基准面控制轴线直接引上，而不得从下层柱网的轴线引上，是避免钢柱定位偏差层层累积，造成整体柱轴线偏差无法控制。

10.2　基础和地脚螺栓（锚栓）

Ⅰ　主　控　项　目

10.2.1　建筑物的定位轴线、基础上柱的定位轴线和标高应满足设计要求。当设计无要求时应符合表 10.2.1 的规定。

检查数量：全数检查。

检验方法：用经纬仪、水准仪、全站仪和钢尺现场实测。

建筑物定位轴线、基础上柱的定位轴线和标高的允许偏差（mm）　　表 10.2.1

项目	允许偏差	图例
建筑物定位轴线	$l/20000$，且不应大于 3.0	
基础上柱的定位轴线	1.0	
基础上柱底标高	±3.0	

【要点说明】

基础的施工质量直接影响结构的安装质量，因此在进行结构安装前应对建筑物的定位轴线、基础轴线和标高和位置进行复查，基复结果应符合设计要求，其偏差应符合表 10.2.1 的规定。

基础的检验应办理交接验收，并有监理见证。

当基础工程分批进行交接时，每次交接验收不少于一个能形成空间刚度的安装单元的柱基基础，并应满足下列要求：

（1）基础混凝土强度达到设计要求；

（2）基础周围回填，夯实完毕；

（3）基础轴线（行列线，标志和标高及基准点准确、齐全）。

10.2.2 基础顶面直接作为柱的支承面或以基础顶面预埋钢板或支座作为柱的支承面时，其支承面、地脚螺栓（锚栓）位置的允许偏差应符合表 10.2.2 的规定。

检查数量：按柱基数抽查 10%，且不应少于 3 个。

检验方法：用经纬仪、水准仪、全站仪、水平尺和钢尺实测。

支承面、地脚螺栓（锚栓）位置的允许偏差（mm）　　表 10.2.2

项目		允许偏差
支承面	标高	±3.0
	水平度	$l/1000$
地脚螺栓（锚栓）	螺栓中心偏移	5.0
预留孔中心偏移		10.0

【要点说明】

基础顶面或支座直接作为柱的支承面时，支承面标高及水平度预留中心孔的偏移等的安装，允许偏差应符合表 10.2.2 规定。同时要求支承面应平整，无蜂窝、孔洞、夹渣、疏松、裂纹凹坑等外观缺陷。当预埋钢板作为柱的支承面时，要求钢板表面应平整、无焊疤、飞溅及水泥砂浆等污物，便于柱安装及柱的标高和垂直度控制。

10.2.3 采用坐浆垫板时，坐浆垫板的允许偏差应符合表 10.2.3 的规定。

检查数量：按柱基数抽查 10%，且不应少于 3 个。

检验方法：用水准仪、全站仪、水平尺和钢尺现场实测。

坐浆垫板的允许偏差（mm）　　表 10.2.3

项目	允许偏差	项目	允许偏差
顶面标高	0 −3.0	水平度	$l/1000$
		平面位置	20.0

注：l 为垫板长度。

【要点说明】

此条规定柱脚采用坐浆垫板时，坐浆垫板的标高、水平度、位置安装允许偏差。坐浆垫板设置位置、数量、面积应根据无收缩水泥砂浆的强度、标脚底板承受的荷载和地脚螺栓（锚栓）的紧固拉力计算确定。采用坐浆垫板时，应采用无收缩砂浆，柱子吊装前，砂浆试块强度应高于基础混凝土强度的一个等级。

10.2.4 采用插入式或埋入式柱脚时，杯口尺寸的允许偏差应符合表 10.2.4 的规定。

检查数量：按基础数抽查 10%，且不应少于 3 处。

检验方法：观察及尺量检查。

杯口尺寸的允许偏差（mm）　　表 10.2.4

项目	允许偏差	项目	允许偏差
底面标高	0 −5.0	杯口垂直度	$h/1000$，且不大于 10.0
杯口深度 H	±5.0	柱脚轴线对柱定位轴线的偏差	1.0

注：h 为底层柱的高度。

【要点说明】

本条针对采用插入式或埋入式柱脚时，杯口尺寸的允许偏差，基础不满足要求，将导致上部结构的安装偏差，钢柱安装前必须检查和验收基础情况。

Ⅱ　一　般　项　目

10.2.5　地脚螺栓（锚栓）规格、位置及紧固应符合设计要求，地脚螺栓（锚栓）的螺纹应有保护措施。

检查数量：全数检查。

检验方法：现场观察。

10.2.6　地脚螺栓（锚栓）尺寸的偏差应符合表 10.2.6 的规定。

检查数量：按基础数抽查 10%，且不应少于 3 处。

检验方法：用钢尺现场实测。

地脚螺栓（锚栓）尺寸的允许偏差（mm）　　　　　表 10.2.6

项目 螺栓（锚栓）直径	螺栓（锚栓）外露出长度	螺栓（锚栓）螺纹长度
$d \leqslant 30$	0　+1.2d	0　+1.2d
$d > 30$	0　+1.0d	0　+1.0d

【要点说明】

锚栓是上部结构与基础之间的连接枢纽，其安装质量不仅影响上部结构的受力，还直接决定上部结构的定位精度（钢柱的轴定位精度），本条规定锚栓的规格、位置及紧固都应符合设计要求。锚栓在安装过程中，应注意防锈和螺纹的保护，这样在柱安装后才能按设计要求紧固锚栓，保证柱的安装精度和柱的锚固。

10.3　钢　柱　安　装

Ⅰ　主　控　项　目

10.3.1　钢柱几何尺寸应满足设计要求并符合本标准的规定。运输、堆放和吊装等造成的钢构件变形及涂层脱落，应进行矫正和修补。

检查数量：按钢柱数抽查 10%，且不应少于 3 个。

检验方法：用拉线、钢尺现场实测或观察。

【要点说明】

钢结构安装工程质量不仅要控制原材料质量和构件的制作质量，满足设计和标准要求，构件的运输、堆放和吊装过程中，也应有切实可靠措施防止构件变形或碰坏涂层等现象发生。一旦构件产生变形或脱漆，在吊装前应予以校正和修补后再行吊装。

10.3.2　设计要求顶紧的构件或节点、钢柱现场拼接接头接触面不应少于 70%密贴，且边缘最大间隙不应大于 0.8mm。

检查数量：按节点或接头数抽查 10%，且不应少于 3 个。

检验方法：用钢尺及 0.3mm 和 0.8mm 厚的塞尺现场实测。

【要点说明】

顶紧面贴紧与否直接影响节点荷载传递，必须满足设计要求。

设计要求顶紧的构件或节点，包括上节柱与下节柱、梁端板与柱托板（牛腿、肩梁）等，其接触面应有70%及以上的面积紧贴，用0.3mm厚塞尺检查，可插入的面积之和不得大于接触顶紧总面积的30%，边缘最大间隙不应大于0.8mm，用塞尺检查。

Ⅱ 一 般 项 目

10.3.3 钢柱等主要构件的中心线及标高基准点等标记应齐全。

检查数量：按同类构件或钢柱数抽查10%，且不应少于3件。

检验方法：观察检查。

【要点说明】

在构件出厂前和进入安装现场后，应检查构件的中心线和标高基准点，是否齐全，标记清晰度是否满足要求。

钢构件的定位标记（中心线和标高等）制作和安装同一基准线，观测点的标志设置统一，不仅能提高安装精度，而且还能加快安装进度。对工程竣工后，进入运营阶段，还能为结构的观察、健康检测积累工程档案资料的管理及今后工程的改扩建等提供便利。

10.3.4 钢柱安装的允许偏差应符合表10.3.4的规定。

检查数量：按钢柱数抽查10%，且不应少于3件。

检验方法：应符合表10.3.4的规定。

钢柱安装的允许偏差（mm）　　　　　　　　　　　表10.3.4

项目		允许偏差	图例	检验方法
柱脚底座中心线对定位轴线的偏移 Δ		5.0		用吊线和钢尺等实测
柱子定位轴线 Δ		1.0		—
柱基准点标高	有吊车梁的柱	$+3.0$ -5.0		用水准仪等实测
	无吊车梁的柱	$+5.0$ -8.0		
弯曲矢高		$H/1200$，且不大于15.0		用经纬仪或拉线和钢尺等实测

续表

项目		允许偏差	图例	检验方法
柱轴线垂直度	单层柱	$H/1000$，且不大于 25.0		用经纬仪或吊线和钢尺等实测
	多层柱 单节柱	$H/1000$，且不大于 10.0		
	柱全高	35.0		
钢柱安装偏差		3.0		用钢尺等实测
同一层柱的各柱顶高度差 Δ		5.0		用全站仪、水准仪等实测

【要点说明】

钢柱安装的允许偏差，应符合表 10.3.4 按钢柱数量抽 10%检查，且不应少于 3 件。

多层或高层钢结构安装标高可采用相对标高或设计标高进行控制，但不管采用哪种控制方法，对同一层柱顶标高的差值均应控制在 5mm 以内，这样才能使柱顶高度偏差不致失控。

钢柱垂直度测量时间应避开钢构件在太阳照射下，构件的阴面和阳面的温差引起构件的变形，这种变形虽然是暂时的，但此时对测量校正是有影响的。测量校正时间宜选择在早上或晚间进行。

安装偏差的检测，应在结构形成空间刚度单元连接固定并经检验合格后进行。

10.3.5　柱的工地拼接接头焊缝组间隙的允许偏差，应符合表 10.3.5 的规定。

检查数量：按同类节点数抽查 10%，且不应少于 3 个。

检验方法：钢尺检查。

柱的工地拼接接头焊缝间隙的允许偏差（mm）　　　　　　表 10.3.5

项目	允许偏差	项目	允许偏差
无垫板间隙	$+3.0$ 0	有垫板间隙	$+3.0$ -2.0

【要点说明】

焊缝间隙过大，对无垫板焊缝增加成型难度，大间隙焊缝填充量大，焊后收缩变形也大，由收缩引起内应力也大，但间隙过小会造成焊接操作困难，在柱安装调整时一定要考虑焊缝的间隙，以免给下道工序带来难度和质量隐患。

10.3.6 钢柱表面应干净，结构主要表面不应有疤痕、泥沙等污垢。

检查数量：按同类构件数抽查 10%，且不应少于 3 件。

检验方法：观察检查。

【要点说明】

在钢结构安装过程中，由于构件堆放和施工现场都是露天，风吹雨淋，构件表面极易粘结泥沙、油污等脏物，不仅影响建筑物美观，而且时间长还会侵蚀涂层，造成结构锈蚀。因此，提出本条要求。

10.4 钢屋（托）架、钢梁（桁架）安装

Ⅰ 主 控 项 目

10.4.1 钢屋（托）架、钢梁（桁架）的几何尺寸偏差和变形应满足设计要求并符合本标准的规定。运输、堆放和吊装等造成的钢构件变形及涂层脱落，应进行矫正和修补。

检查数量：按钢梁数抽查 10%，且不应少于 3 个。

检验方法：用拉线、钢尺现场实测或观察。

【要点说明】

所有进场的钢梁（桁架）应根据图纸和本标准的要求进行尺寸和变形的检查，满足要求方预验收。

本条还对钢梁（桁架）构件提出要求，即工地对此类构件一定要有措施防止构件变形和损坏涂层，还有损坏应进行校正和修补。

10.4.2 钢屋（托）架、钢桁架、钢梁、次梁的垂直度和侧向弯曲矢高的允许偏差应符合表 10.4.2 的规定。

检查数量：按同类构件数抽查 10%，且不应少于 3 个。

检验方法：用吊线、拉线、经纬仪和钢尺现场实测。

钢屋（托）架、钢桁架、梁垂直度和侧向弯曲矢高的允许偏差（mm） 表 10.4.2

项目	允许偏差		图例
跨中的垂直度	$h/250$，且不大于 15.0		
侧向弯曲矢高 f	$l \leqslant 30\text{m}$	$l \leqslant 1000$，且不大于 10.0	
	$30\text{m} < l \leqslant 60\text{m}$	$l \leqslant 1000$，且不大于 30.0	
	$l > 60\text{m}$	$l \leqslant 1000$，且不大于 50.0	

【要点说明】

表 10.4.2 是钢屋架、桁架校正后的弯曲矢高垂直度的允许偏差。这类构件为片状桁架结构，跨度一般较大，吊装时应注意其平面外刚度，吊装前宜进行强度和刚度计算，当其刚度不足时，应采取临时加强措施，以免吊装时引起变形及平面外失稳。

钢屋架、桁架、钢梁、次梁等是属于水平构件，直接支承在钢柱上，因此这些构件的垂直度和侧向弯曲的测量必须在下面柱校正完毕且可靠固定后，按标准要求现场实测。

Ⅱ　一　般　项　目

10.4.4　钢吊车梁或直接承受动力荷载的类似构件，其安装的允许偏差应符合表 10.4.4 的规定。

检查数量：按钢吊车梁数抽查 10%，且不应少于 3 榀。

检验方法：应符合表 10.4.4 的规定。

钢吊车梁安装的允许偏差（mm）　　　　　　　　　　　　　表 10.4.4

项　目		允许偏差	图　例	检验方法
梁的跨中垂直度（Δ）		$h/500$		用吊线和钢尺检查
侧向弯曲矢高		$l/1500$，且不大于 10.0		用拉线和钢尺检查
垂直上拱矢高		10.0		
两端支座中心位移 Δ	安装在钢柱上时，对牛腿中心的偏移	5.0		
	安装在混凝土柱上时，对定位轴线的偏移	5.0		
吊车梁支座加劲板中心与柱子承压加劲板中心的偏移 Δ_1		$t/2$		用吊线和钢尺检查
同跨间内同一横截面吊车梁顶面高差 Δ	支座处	$l/1000$，且不大于 10.0		用经纬仪、水准仪和钢尺检查
	其他处	15.0		
同跨间内同一横截面下挂式吊车梁底面高差 Δ		10.0		

续表

项 目		允许偏差	图 例	检验方法
同列相邻两柱间吊车梁顶面高差 △		$l/1500$，且不大于 10.0		用水准仪和钢尺检查
相邻两吊车梁接头部位 △	中心错位	3.0		用钢尺检查
	上承式顶面高差	1.0		
	下承式底面高差	1.0		
同跨间任一截面的吊车梁中心跨距 △		±10.0		用经纬仪和光电测距仪检查；跨度小时，可用钢尺检查
轨道中心对吊车梁腹板轴线的偏移 △		$t/2$		用吊线和钢尺检查

【要点说明】

吊车梁的校正应在屋面系统构件安装并永久连接后进行，其安装的允许偏差应符合表 10.4.4 的规定。

10.4.5 钢梁安装的允许偏差应符合表 10.4.5 的规定。

检查数量：按钢梁数抽查 10%，且不应少于 3 个。

检验方法：应符合表 10.4.5 的规定。

钢梁安装的允许偏差（mm） 表 10.4.5

项 目	允许偏差	图 例	检验方法
同一根梁两端顶面的高差 △	$l/1000$，且不大于 10.0		用水准仪检查

项 目	允许偏差	图 例	检验方法
主梁与次梁上表面的高差 Δ	±2.0		用直尺和钢尺检查

【要点说明】

钢梁安装质量控制包括梁面标高和梁端高差,安装过程中可以借助经纬仪和标尺进行测量。

10.5 连 接 节 点 安 装

Ⅰ 主 控 项 目

10.5.1 弯扭、不规则构件连接节点除应符合本标准规定外,尚应满足设计要求。运输、堆放和吊装等造成的钢构件变形及涂层脱落,应进行矫正和修补。

检查数量:按同类构件数抽查 10%,且不应少于 3 个。

检验方法:用拉线、吊线、钢尺、经纬仪等现场实测或观察。

10.5.2 构件与节点对接处的允许偏差应符合表 10.5.2 的规定。

检查数量:按同类构件数抽查 10%,且不应少于 3 件,每件不少于 3 个坐标点。

检验方法:用吊线、拉线、经纬仪和钢尺、全站仪现场实测。

构件与节点对接处的偏差（mm）　　　　　　表 10.5.2

项 目	允许偏差	图 例
箱形（四边形、多边形）截面、异型截面对接 $\lvert L_1 - L_2 \rvert$	≤3.0	
异型锥管、椭圆管截面对接处 Δ	≤3.0	

10.5.3 同一结构层或同一设计标高异型构件标高允许偏差应为 5mm。

检查数量:按同类构件数抽查 10%,且不应少于 3 件,每件不少于 3 个坐标点。

检验方法:用吊线、拉线、经纬仪和钢尺、全站仪现场实测。

Ⅱ 一 般 项 目

10.5.4 构件轴线空间位置偏差不应大于 10mm,节点中心空间位置偏差不应大于 15mm。

检查数量：按同类构件数抽查 10%，且不应少于 3 件，每件不应少于 3 个坐标点。

检验方法：用吊线、拉线、经纬仪和钢尺、全站仪现场实测。

10.5.5　构件对接处截面的平面度偏差：截面边长 $l \leqslant 3m$ 时，偏差不应大于 2mm；截面边长 $l > 3m$ 时，允许偏差不应大于 $l/1500$。

检查数量：按同类构件数抽查 10%，且不应少于 3 件。

检验方法：用吊线、拉线、水平尺和钢尺现场实测。

【要点说明】

10.5.1～10.5.5　我国经济建设的快速发展，推动建筑市场的繁荣，各类城市标志性建筑不断涌现，这类建筑构件特征常具有弯扭、变曲率、倾斜、悬挑及异形截面等，对钢结构的制作和安装都提出新的挑战。工厂制作不仅要满足设计尺寸的要求，还有"形"的要求，且要求构件表面应圆顺平滑。考虑到运输、起重能力、吊装工艺和安全等因素，在安装过程中，一般会先安装节点，再安装构件，或是分段安装等。不管是采用哪种安装工艺，都存在着构件截面安装对接。为此在总结已有工程基础上对构件及节点对接处截面错位公差、平面度等的允许偏差作出规定，确保工程的"形位""位"满足设计和使用要求。对于一些大型复杂、弯扭曲变曲率等构件，建议在制作中采用计算机模拟预拼装，在安装现场同样采用计算机模拟预拼装，确保安装达到设计和标准要求。

10.6　钢板剪力墙安装

Ⅰ　主　控　项　目

10.6.1　钢板剪力墙的几何尺寸应满足设计要求并符合本标准的规定。运输、堆放和吊装等造成构件变形和涂层脱落，应进行矫正和修补。

检查数量：按进场构件数抽查 10%，且不应少于 3 件。

检验方法：用拉线、钢尺现场实测或观察。

10.6.2　钢板剪力墙对口错边、平面外挠曲应符合表 10.6.2 的规定。

检查数量：按构件数抽查 10%，且不应少于 3 件。

检验方法：用钢尺现场实测或观察。

钢板剪力墙安装允许偏差（mm）　　　　　　　　　表 10.6.2

项　目	允许偏差	图　例
钢板剪力墙对口错边 △	$t/5$， 且不大于 3	
钢板剪力墙平面外挠曲	$l/250+10$， 且不大于 30 （l 取 l_1 和 l_2 中较小值）	

10.6.3 消能减震钢板剪力墙的性能指标应满足设计要求。

　　检查数量：全数检查。

　　检验方法：检查检测报告。

【要点说明】

　　10.6.1~10.6.3　钢板剪力墙是一种新型的抗侧力体系，但它又属平面构件，极易产生平面外变形，因此在钢板剪力墙的储运和安装焊接等，应有相应的措施防止钢板剪力墙的变形。本条是在总结已有工程的基础上，作出相应的允许公差规定。表中第二项偏差是考虑不能超过混凝土保护层而定的。

10.7　支撑、檩条、墙架、次结构安装

Ⅰ　主　控　项　目

10.7.1　支撑、檩条、墙架、次结构等构件应满足设计要求并符合本标准的规定。运输、堆放和吊装等造成的钢构件变形及涂层脱落，应进行矫正和修补。

　　检查数量：按构件数抽查 10%，且不应少于 3 个。

　　检验方法：用拉线、钢尺现场实测或观察。

10.7.2　消能减震钢支撑的性能指标应满足设计要求。

　　检查数量：全数检查。

　　检验方法：检查检测报告。

Ⅱ　一　般　项　目

10.7.3　檩条、墙架等次要构件安装的允许偏差应符合表 10.7.3 的规定

　　检查数量：按同类构件数抽查 10%，且不应少于 3 件。

　　检验方法：应符合表 10.7.3 的规定。

墙架、檩条等次要构件安装的允许偏差（mm）　　　　　表 10.7.3

项　目		允许偏差	检验方法
墙架立柱	中心线对定位轴线的偏移	10.0	用钢尺检查
	垂直度	$H/1000$，且不大于 10.0	用经纬仪或吊线和钢尺检查
	弯曲矢高	$H/1000$，且不大于 15.0	用经纬仪或吊线和钢尺检查
抗风柱、桁架的垂直度		$h/250$，且不大于 15.0	用吊线和钢尺检查
檩条、墙梁的间距		±5.0	用钢尺检查
檩条的弯曲矢高		$l/750$，且不大于 12.0	用拉线和钢尺检查
墙梁的弯曲矢高		$l/750$，且不大于 10.0	用拉线和钢尺检查

　　注：H 为墙架立柱的高度；h 为抗风桁架、柱的高度；l 为檩条或墙梁的长度。

　　检查数量：按构件数抽查 10%，且不应少于 3 个。

　　检验方法：用拉线、钢尺、水准仪现场实测或观察。

10.7.4　檩条两端相对高差或与设计标高偏差不应大于 5mm。檩条直线度偏差不应大于 $l/250$，且应不大于 10mm。

　　检查数量：按构件数抽查 10%，且不应少于 3 个。

检验方法：用拉线、钢尺、水准仪现场实测或观察。

10.7.5 墙面檩条外侧平面任一点对墙轴线距离与设计偏差不应大于 5mm。

检查数量：每跨间不应少于 3 点。

检验方法：用拉线、钢尺、经纬仪现场实测或观察。

【要点说明】

10.7.1～10.7.5 墙架立柱、抗风柱、檩条、墙梁等次结构件安装（拉紧后），不仅是结构的一部分，需要规范安装要求，同时也为后道工序的安装（屋面墙面的安装）服务，且能增加墙面和屋面的刚度。因此这部分构件的安装质量的好坏直接影响墙面和屋面的安装，本条对这些次要构件的安装偏差作出规定。

10.8 钢平台、钢梯安装

Ⅰ 主 控 项 目

10.8.1 钢栏杆、平台、钢梯等构件尺寸偏差和变形，应满足设计要求并符合本标准的规定。运输、堆放和吊装等造成的钢构件变形及涂层脱落，应进行矫正和修补。

检查数量：按构件数抽查 10%，且不应少于 3 个。

检验方法：用拉线、钢尺现场实测或观察。

10.8.2 钢平台、钢梯、栏杆安装应符合现行国家标准《固定式钢梯及平台安全要求 第 1 部分：钢直梯》GB 4053.1、《固定式钢梯及平台安全要求 第 2 部分：钢斜梯》GB 4053.2 和《固定式钢梯及平台安全要求 第 3 部分：工业防护栏杆及钢平台》GB 4053.3 的规定。钢平台、钢梯和防护栏杆安装的允许偏差应符合表 10.8.2 的规定。

检查数量：按钢平台总数抽查 10%，栏杆、钢梯按总长度各抽查 10%，但钢平台不应少于 1 个，栏杆不应少于 5m，钢梯不应少于 1 跑。

检验方法：应符合表 10.8.2 的规定。

钢平台、钢梯和防护栏杆安装的允许偏差（mm） 表 10.8.2

项 目	允许偏差	检验方法
平台高度	± 10.0	用水准仪检查
平台梁水平度	$l/1000$，且不大于 10.0	用水准仪检查
平台支柱垂直度	$H/1000$，且不大于 5.0	用经纬仪或吊线和钢尺检查
承重平台梁侧向弯曲	$l/1000$，且不大于 10.0	用拉线和钢尺检查
承重平台梁垂直度	$h/250$，且不大于 10.0	用吊线和钢尺检查
直梯垂直度	$H'/1000$，且不大于 15.0	用吊线和钢尺检查
栏杆高度	± 5.0	用钢尺检查
栏杆立柱间距	± 5.0	用钢尺检查

注：l 平台梁长度；H 平台支柱高度；h 平台梁高度；H' 直梯高度。

【要点说明】

10.8.1、10.8.2 钢平台、钢梯、栏杆等构件，直接关系到人身安全和环境美观，安装时应特别重视，除连接（焊缝或螺栓连接）质量、尺寸等应符合标准规定外，其外观质量亦应重视，特别是栏杆及扶手转角处应平整，无飞溅、毛刺等，应光滑过渡。

Ⅱ　一　般　项　目

10.8.3　相邻楼梯踏步的高度差不应大于 5mm，且每级踏步高度与设计偏差不应大于 3mm。

　　检查数量：按楼梯总数抽查 10%，且不应少于 3 跑。

　　检验方法：钢尺。

【要点说明】

　　本条从人员走楼梯时的舒适感觉和安全考虑。控制楼梯的首个踏步和最后一个踏步与地面和平台的高度，为后期安装创造条件。

10.8.4　栏杆直线度偏差不应大于 5mm。

　　检查数量：栏杆按总长度抽查 10%，且每侧不应少于 5m。

　　检验方法：拉线、水准仪、水平尺、钢尺现场实测。

10.8.5　楼梯两侧栏杆间距与设计偏差不应大于 10mm。

　　检查数量：栏杆按总长度各抽查 10%，不应少于双侧 5m。

　　检验方法：钢尺现场实测。

【要点说明】

　　10.8.4、10.8.5　这两条主要从美观和舒适、安全的角度考虑，配合装饰要求。

10.9　主　体　钢　结　构

Ⅰ　主　控　项　目

10.9.1　主体钢结构的整体立面偏移和整体平面弯曲的允许偏差应符合表 10.9.1 的规定。

　　检查数量：对主要立面全部检查。对每个所检查的立面，除两列角柱外，尚应至少选取一列中间柱。

　　检验方法：采用经纬仪、全站仪、GPS 等测量。

钢结构整体垂直度和整体平面弯曲的允许偏差（mm）　　表 10.9.1

项　目	允许偏差		图　例
主体结构的整体立面偏移	单层	$H/1000$，且不大于 25.0	
	高度 60m 以下的多高层	$(H/2500+10)$，且不大于 30.0	
	高度 60m 至 100m 的高层	$(H/2500+10)$，且不大于 50.0	
	高度 100m 以上的高层	$(H/2500+10)$，且不大于 80.0	
主体结构的整体平面弯曲	$l/1500$，且不大于 50.0		

【要点说明】

钢结构作为主体结构，其整体垂直度和整体平面弯曲，直接影响建筑结构的安全和建筑装饰维护体系的施工质量。

单层钢结构的整体垂直度实际上相当于结构柱的垂直度，因此要求垂直度控制在 $H/1000$，且不应大于 25.0mm，这与钢柱垂直度和压杆侧弯相吻合。单层钢结构主体结构的整体垂直度和整体平面弯曲是分阶段逐步形成的，因此在整个安装过程中，对每一榀构件都要控制，并随时校正和调整，只有严格进行过程控制，才能确保整体尺寸。

检查时，对主要立面全部检查，对每个所检查的立面，除两列角柱外，尚应至少选取一列中间柱。测所检查立面上的最大值，且应在结构形成空间刚度单元并连接固定后进行检测。

对多层和高层钢结构整体轮廓尺寸进行控制，可避免因局部偏差累计导致整体偏差失控的情况发生。

由于多层和高层钢结构整体垂直度和整体平面弯曲是分楼层或分段逐步形成，因此在安装的整个过程中对每一楼层、每一安装段都要进行过程控制，并随时校正和调整，对每节柱的垂直度应控制在允许偏差内且各节柱的垂直度偏移方向不应一致，每节柱的定位轴线必须从地面控制线直接引上，不得从下层标的轴线引上，以免误差累计。

对多层和高层检查时，对主要立面全部检查，对每个所检查的立面，除两列角柱外，尚应至少选取一列中间柱。整体垂直度和整体平面弯曲应是所检查立面上的最大值，且应是连接固定后进行检测整体垂直度可按各节柱的垂直度允许偏差累计（代数和）计算。

Ⅱ　一　般　项　目

10.9.2　主体钢结构总高度可按相对标高或设计标高进行控制。总高度的允许偏差应符合表 10.9.2 的规定。

检查数量：按标准柱列数抽查 10%，且不应少于 4 列。

检验方法：采用全站仪、水准仪和钢尺实测。

主体钢结构总高度的允许偏差（mm）　　　　表 10.9.2

项　目		允许偏差	图　例
用相对标高控制安装		$\pm\Sigma(\Delta_h+\Delta_z+\Delta_w)$	
用设计标高控制安装	单层	$H/1000$，且不大于 20.0 $-H/1000$，且不小于-20.0	
	高度 60m 以下的多高层	$H/1000$，且不大于 30.0 $-H/1000$，且不小于-30.0	
	高度 60m 至 100m 的高层	$H/1000$，且不大于 50.0 $-H/1000$，且不小于-50.0	
	高度 100m 以上的高层	$H/1000$，且不大于 100.0 $-H/1000$，且不小于-100.0	

注：Δ_h 为每节柱子长度的制造允许偏差；Δ_z 为每节柱子长度受荷载后的压缩值；Δ_w 为每节柱子接头焊缝的收缩值。

【要点说明】

多、高层钢结构安装时，其标高控制可以有两种方法：相对标高控制；设计标高控制。

当按相对标高进行控制时，钢结构总高度的允许偏差是经计算确定的（见表10.9.2），它由三部分值组成：（1）Δh 每节柱子的制作长度偏差，按本标准允许偏差值不超过±3mm；（2）ΔL 每节柱子受荷后的压缩量；（3）ΔW 每节柱子接头焊缝的收缩量。如无特殊要求，一般都采用相对标高进行控制安装。

当按设计标高进行控制时（不是绝对标高，不考虑建筑物沉降），即按土建施工单位提供的基础标高进行安装。第一节柱子底面标高和各节柱子累加尺寸的总和，应符合设计要求的总尺寸。需要将每节柱接头产生的焊接收缩变形和建筑物荷载引起的压缩变形，应加到柱子的加工长度中去，钢结构安装完成后，建筑物的总高度应符合设计要求的总高度，其允许偏差符合本条规定。

无论是采用相对标高还是设计标高进行安装，对同一层柱顶标高差值均宜控制在5mm以内，使柱顶高度偏差不致失控。

11　空间结构安装工程

11.1　一　般　规　定

11.1.1 钢管网架、网壳、索膜类空间结构，以及以钢管（圆管或方矩管）为主要受力杆件（或物件）的结构安装工程，应按本章进行质量验收。

11.1.2　钢网架、网壳结构及钢管桁架结构的安装工程可按变形缝、空间刚性单元等划分成一个或若干个检验批，或者按照楼层或施工段等划分为一个或若干个检验批。

【要点说明】

本章由原规范第十二章"钢网架结构安装工程"扩展而成，包括钢管（圆管、方矩管）为主要受力杆件的结构，因此把钢管桁架也包括在内，条文明确本章适用范围。其他类型空间结构可参照本章要求制定专项标准并经设计和监理认可。

11.1.1、11.1.2　条文明确本章验收所涵盖的内容为钢管网架、网壳、索、膜类空间结构，以及钢管（圆管或方矩管）为受力杆件（或构件）的结构工程安装质量验收和检验批的组成。

11.1.3　预应力索杆和膜结构制作安装工程的检验批，可结合与其相配套的钢结构制作、安装分项工程检验批划分为一个或若干个检验批。

【要点说明】

规定预应力索杆和膜结构制作安装工程检验批的划分原则。

11.1.4　预应力索杆安装应有专项施工方案和相应的监测措施，并应经设计和监理认可。

【要点说明】

预应力安装工程一般由预应力的专业公司进行施工。在安装现场要求有专项施工方案，因为预应力的施工一般是主体结构的构件安装后再进行预应力张拉。因此从施工管理和保证施工安全、施工质量考虑，应编制专项施工方案，并在预应力的张拉施工中对主体结构进行检测。

索结构（预应力）是一种半刚性结构，在整个施工过程中结构受力和变形要经历几个阶段，因此需要对施工全过程进行受力仿真计算分析，以确保施工过程安全、准确。

索结构施工控制要点是拉索张拉和结构外形控制。在实际施工中，同时达到设计要求难度较大，通常邀请设计单位一起参与，对索结构施工各阶段的索力及结构形状参数进行计算，并协调相应的控制标准，使索的张拉力和结构外形两者兼顾而满足要求，并作为施工监测和质量控制依据。

11.1.5 空间结构的安装检验应在原材料及成品进场验收、构件制作、焊接连接和紧固件连接等分项工程验收合格的基础上进行验收。

【要点说明】

安装检验是结构施工的最后一道分项工程，而原材料及成品进场、构件制作、焊接连接和紧固件连接等都是安装之前的分项工程，这些分项工程全部验收合格，才能进行安装验收检验。

11.2 支座和地脚螺栓（锚栓）安装

Ⅰ 主 控 项 目

11.2.1 钢网架、网壳结构及支座定位轴线和标高的允许偏差应符合表 11.2.1 要求，支座锚栓的规格及紧固应满足设计要求。

检查数量：按支座数抽查 10%，且不应少于 3 处。

检验方法：用经纬仪和钢尺实测。

定位轴线、基础上支座的定位轴线和标高的允许偏差（mm）　　　　表 11.2.1

项　目	允许偏差	图例
结构定位轴线	$l/20000$，且不大于 3.0	
基础上支座的定位轴线	1.0	
基础上支座底标高	±3.0	

【要点说明】

在工程实践中一般支座预埋件或者预埋锚栓，是埋在混凝土中偏差较大。如果安装单位在没有复核和验收的情况下，匆忙施工，常会造成事故或影响空间结构的安装质量乃至结构受力。所以对轴线和标高偏差严格控制，确保结构安全和使用功能。

11.2.2 支座支承垫块的种类、规格、摆放位置和朝向，应满足设计要求并符合国家现行标准的规定。橡胶垫块与刚性垫块之间或不同类型刚性垫块之间不得互换使用。

检查数量：按支座数抽查 10%，且不应少于 4 处。

检验方法：观察和用钢尺实测。

【要点说明】

在对网架结构进行分析时，其构件内力和节点变形都是根据支座节点在一定约束条件下进行计算的。而支承垫块的种类、规格、摆放位置和朝向的改变，都会对网架支座的约束条件产生直接影响。

不同材质、不同类型垫块在网架不同支座中的功能不一样，随意代用、转换使用，会影响网架支座的传力、受力性能，从而使网架变形不一致，削弱网架承载力。

在网架支座安装前，应根据设计图纸要求核实支承垫块的种类、规格是否符合设计要求，确认每种垫块应放置的位置和朝向，不得任意改变，否则会影响结构承载力。

Ⅱ 一 般 项 目

11.2.3 支承面顶板的位置、顶面标高、顶面水平度以及支座锚栓位置的允许偏差应符合表 11.2.3 的规定。支座锚栓的紧固应符合设计要求。

支承面顶板、支座锚栓位置的允许偏差（mm） 表 11.2.3

项　　目		允许偏差
支承面顶板	位置	15.0
	顶面标高	0 −3.0
	顶面水平度	$l/1000$
支座锚栓	中心偏移	±5.0

注：l 为顶板长度。

检查数量：按支座数抽查 10%，且不应少于 4 处。

检验方法：用经纬仪、水准仪、水平尺和钢尺实测。

【要点说明】

由于顶板设置不符合要求，使网架支承面不一致不能均匀传递网架荷载，使网架传力不均匀，引起节点变形，直接影响网架的承载能力和稳定性。在设置顶板前应对支承表面作出处理（包括找准位置、标高、找平面）完全符合设计和本标准表 11.2.3 的要求。支承面顶板应平整、无飞边、毛刺、焊疤、污物、表面氧化铁渣，水泥砂浆应清理干净支承锚栓应有保护。

11.2.4 地脚螺栓（锚栓）尺寸的偏差应符合本标准第 10.2.6 条的规定。支座锚栓螺纹应受到保护。

检查数量：按基础数抽查 10%，且不应少于 3 处。

检验方法：用钢尺现场实测。

【要点说明】

锚栓是上部结构与基础之间的连接枢纽，其安装质量不仅影响上部结构的受力，还直接决定上部结构的定位精度（钢柱的轴定位精度），本条规定锚栓的规格、位置及紧固都应符合设计要求。锚栓在安装过程中，应注意防锈和螺纹的保护，这样在柱安装后才能按设计要求紧固锚栓，保证柱的安装精度和柱的锚固。

11.3 钢网架、网壳结构安装

Ⅰ 主 控 项 目

11.3.1 钢网架、网壳结构总拼完成后及屋面工程完成后应分别测量其挠度值，且所测的挠度值不应超过相应荷载条件下挠度计算值的 1.15 倍。

检查数量：跨度 24m 及以下钢网架、网壳结构，测量下弦中央一点；跨度 24m 以上钢网架、网壳结构测量下弦中央一点及各向下弦跨度的四等分点。

检验方法：用钢尺、水准仪或全站仪实测。

【要点说明】

网架结构理论计算得出的挠度和网架结构安装后的挠度有一定出入，这除了网架结构的计算模型和实际情况存在着差异之外，还与网架结构连接节点零件的加工精度、安装精度密切相关。对多个实际工程的测试表明，安装完毕后的实际挠度值比理论计算值约大 5%～11%。所以本条规定允许比设计计算值大 15%。因此，标准规定钢网架结构总拼及屋面工程完成后，应分别测量其挠度值，且所测挠度值不应超过相应设计挠度的 15%。跨度在 24m 以下的网架、网壳结构测量下弦中央点，跨度在 24m 以上的网架、网壳结构测量下弦中央点及各向下弦跨度的四等分点（共计 5 点）。实测的挠度曲线 S 宜存档。

Ⅱ 一 般 项 目

11.3.2 螺栓球节点网架、网壳总拼完成后，高强度螺栓与球节点应紧固连接，连接处不应出现有间隙、松动等未拧紧现象。

检查数量：按节点数抽查 5%，且不应少于 3 个。

检验方法：用普通扳手、塞尺及观察检查。

【要点说明】

网架、网壳结构总装完成后，施工单位应对每个螺栓球节点的连接部位检查，检查封板、锥头、套管及螺栓球等接触面的密合程度，应紧密结合，其局部缝隙应小于 0.2mm（用塞尺检查），压杆不得存在间隙。屋面板安装后将所有缝隙用腻子填嵌严密，同时将多余孔堵塞。

11.3.3 小拼单元的允许偏差应符合表 11.3.3 的规定。

检查数量：按单元数抽查 5%，且不应少于 3 个。

检验方法：用钢尺和辅助量具实测。

小拼单元的允许偏差（mm）　　　　　　　　表 11.3.3

项　　目		允许偏差
节点中心偏移	$D\leqslant500$	2.0
	$D>500$	3.0
杆件中心与节点中心的偏移	d（b）$\leqslant200$	2.0
	d（b）>200	3.0
杆件轴线的弯曲矢高	—	$l_1/1000$，且不大于 5.0
网格尺寸	$l\leqslant5000$	±2.0
	$l>5000$	±3.0
锥体（桁架）高度	$h\leqslant5000$	±2.0
	$h>5000$	±3.0
对角线尺寸	$A\leqslant7000$	±3.0
	$A>7000$	±4.0
平面桁架节点处杆件轴线错位	d（b）$\leqslant200$	2.0
	d（b）>200	3.0

注：D 为节点直径，d 为杆件直径，b 为杆件截面边长，l_1 为杆件长度，l 为网格尺寸，h 为锥体（桁架）高度，A 为网格对角线尺寸。

【要点说明】

将网架分解成几何不变的小拼单元，在地面进行小单元拼装，可为单锥体、多锥体或平面桁架等以减少高空作业量。而小拼单元是整体网架的组成部分，更是直接影响整体网架能否顺利安装的重要条件，应引起高度重视。本条表 11.3.3 即是小拼单元的拼装精度，应在小拼单元中严格控制。

小拼单元的拼装宜在专用的胎架上进行，见图 1-11-1，胎架可以保证小拼单元精度和减少累积误差。另外应注意拼装顺序对拼装精度的影响。

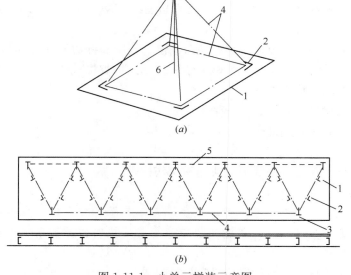

图 1-11-1　小单元拼装示意图

（a）四角锥体小拼单元；（b）桁架式小拼单元

1—拼装平台；2—用角钢做的靠山；3—搁置节点槽口；4—网架杆件中心线；

5—临时上弦；6—标杆

11.3.4 分条或分块单元拼装长度的允许偏差应符合表 11.3.4 的规定。

检查数量：全数检查。

检验方法：用钢尺和辅助量具实测。

分条或分块单元拼装长度的允许偏差（mm）　　　　表 11.3.4

项目	允许偏差
分条、分块单元长度≤20m	±10.0
分条、分块单元长度>20m	±20.0

【要点说明】

分条或分块法安装适用于分割后刚度和受力情况改变较小的网架，分条或分块的大小可根据现场起重能力而定。"条"是指沿网架长跨方向分割为几段，每段的宽度，可以是一个网格至三个网格，其长度为网架短跨的跨度。"块"是指沿网架纵横方向分割后的单元，形状为矩形或正方形。分割大小视起重量而定，不管如何分割网架尺寸必须准确，以保证高度总拼时节点吻合和减少偏差。

11.4　钢　管　桁　架　结　构

Ⅰ　主　控　项　目

11.4.1　钢管（闭口截面）构件应有预防管内进水、存水的构造措施，严禁钢管内存水。

检查数量：全数检查。

检验方法：观察检查。

【要点说明】

钢管（包括箱型构件或双腹板梁）等封闭截面构件，如内部进水，在冬季结冰后膨胀，使构件本体或连接焊缝胀裂，这种现象已出现多次，严重危及安全，应严格检查防范。

11.4.2　钢管桁架结构相贯节点焊缝的坡口角度、间隙、钝边尺寸及焊脚尺寸应满足设计要求，当设计无要求时，应符合现行国家标准《钢结构焊接规范》GB 50661 的要求。

检查数量：按同类接头数抽查 10%。

检验方法：用钢尺、塞尺、焊缝量规测量。

11.4.3　相贯节点方矩管端部表面不得有裂纹缺陷。

检查数量：逐个打磨观察。

检验方法：打磨观察或用放大镜或磁粉探伤检查。

【要点说明】

11.4.2～11.4.3　冷成型方矩管，当壁厚大于等于 16mm 时，成型后角部冷作硬化现象严重，角部易产生裂纹。对管端焊接节点部位，应在打磨后用放大镜或磁粉逐个检查，确认无表面裂缝后方可进行焊接，且应避免在角部区域进行定位焊。

11.4.4　钢管对接焊缝的质量等级应满足设计要求。当设计无要求时，应符合现行国家标准《钢结构焊接规范》GB 50661 的规定。

检查数量：按同类接头检查 20%，且不应少于 5 个。

检验方法：超声波探伤抽查。

【要点说明】

钢管对接或沿截面围焊焊缝，应通过 11.4.5 条规定达到设计要求。焊接时不得在同一位置起弧灭弧，而应在盖过起弧处一段距离方能灭弧。不得在母材非焊接部位和焊接端部起弧灭弧。

Ⅱ　一　般　项　目

11.4.5　钢管对接焊缝或沿截面围焊焊缝构造应满足设计要求。当设计无要求时，对于壁厚小于或等于 6mm 钢管，宜用Ⅰ形坡口全周长加垫板单面全焊透焊缝；对于壁厚大于 6mm 钢管，宜用Ⅴ形坡口全周长加垫板单面全焊透焊缝。

检查数量：全数检查。

检验方法：查验施工图、施工详图和施工记录。

11.4.6　钢管结构中相互搭接支管的焊接顺序和隐蔽焊缝的焊接方法应满足设计要求。

检查数量：全数检查。

检查方法：查验施工图、详图和隐蔽记录。

【要点说明】

11.4.5～11.4.6　应通过管件装配和焊接顺序避免出现隐蔽焊缝，当出现无法焊接部位时，其处理方法应征得设计方同意。

11.5　索　杆　制　作

Ⅰ　主　控　项　目

11.5.1　索杆的拉索、拉杆、索头长度、销轴直径、锚头开口深度等尺寸和偏差应符合现行产品标准的规定并满足设计要求。

检查数量：按照索杆数抽查 10%，且不应少于 3 个。

检查方法：用游标卡尺、钢尺现场实测和观察。

【要点说明】

索杆的制作可以有一定的误差，在一定的误差范围内即可，应符合产品标准的规定。钢丝拉索应符合现行国家标准《斜拉桥热挤聚乙烯高强钢丝拉索技术条件》GB/T 18365 的规定。钢绞线应符合《预应力混凝土用钢绞线》GB/T 5224 的规定。不锈钢钢绞线应符合《建筑用不锈钢绞线》GB/T 200 的规定。钢拉杆应符合现行国家标准《钢拉杆》GB/T 30394 的规定。热铸锚锚具和冷铸锚锚具应符合现行行业标准《塑料护套半平行钢丝拉索》GJ 3058 的规定。挤压锚具夹片锚具应符合《预应力筋用锚具、夹具和连接器》GB/T 14370、《预应力筋用锚具、夹具和连接器应用技术规程》JGJ 85 的规定。钢拉杆长度偏差见表 1-11-1。

钢拉杆长度允许偏差表（mm）　　　　　表 1-11-1

单根拉杆长度	允许偏差
≤5	±5
5～10	±10
>10	±15

11.5.2 采用铸钢件制作的锚具，进场前应采用超声波探伤进行内部缺陷的检验，其内部缺陷分级及探伤方法应符合现行国家标准《铸钢件 超声检测 第1部分：一般用途钢铸件》GB/T 7233.1 和《铸钢件 超声检测 第2部分：高承压铸钢件》GB/T 7233.2 的规定，检测结果应满足设计要求。进场后应检查产品合格证和铸钢件的探伤报告。

检查数量：全数检查。

检查方法：检查超声波探伤记录。

【要点说明】

进场前铸钢件产品应进行超声波探伤，且应符合《铸钢件超声波检测》的规定，产品进场后，对其合格证和探伤报告进行检查。

11.5.3 进场前成品拉索应进行超张拉检验，张拉载荷应为拉索标称破断力的55%和设计拉力值两者的较大值，且超张拉持续时间不应少于1h。检验后，拉索应完好无损。进场后应检查产品合格证、拉索的出场张拉记录。

检查数量：全数检查。

检查方法：检查张拉检验记录。

【要点说明】

拉索进行张拉目的是减少因温度和蠕变引起的预应力损失，进场前应进行张拉检验，载荷应为拉索标称破断力的55%和设计荷载的1.2~1.4倍两者的较大值，且宜调整到50kN的整数倍并分5级加载。成品拉索在卧式张拉设备上张拉后锚具的器缩量不应大于6mm。进场后对产品合格证和张拉记录进行检查。

Ⅱ 一 般 项 目

11.5.4 锚具表面不应有裂纹、未熔合、气孔、缩孔、夹砂及明显凹坑等外部缺陷。锚具表面的防腐处理和保护措施应符合现行产品标准的规定并满足设计要求。

检查数量：全数检查。

检查方法：观察检查。

【要点说明】

锚具的表观缺陷会对其强度产生影响，因此对裂纹、未熔合、气孔、缩孔、夹砂及明显凹坑等要全数检查，不合格即拒收。

11.5.5 拉索、拉杆应按其预拉力设计值控制进行无应力状态下料，拉索、拉杆直径、长度应满足设计要求，尺寸偏差应符合表11.5.5的规定。

检查数量：全数检查。

检查方法：用游标卡尺、钢尺现场实测。

拉索尺寸偏差值（mm）　　　　　　表 11.5.5

项 目		允许偏差
拉索、拉杆直径 d		$+0.015d$, $-0.010d$
带外包层索体直径		$+2$, -1
索杆长度 l	$l \leqslant 50m$	± 15
	$50m < l < 100m$	± 20
	$l \geqslant 100m$	$\pm 0.0002l$

【要点说明】

因为拉索、拉杆带应力状态下料难以控制，应按其预拉力设计值控制进行无应力状态下料。拉锁和拉杆的长度、直径现场复核，满足表11.5.5要求。

11.5.6　拉索、拉杆表面保护层应光滑平整，无破损，保护层应紧密包覆，锚具与有保护层的拉索、拉杆防水密封处不应有损伤。

检查数量：全数检查。

检查方法：观察检查。

【要点说明】

拉索、拉杆应该具有防水和防腐保护，以提高其耐久性，保护层应与拉索、拉杆紧密贴合，不能有空气、水等掺入，且不能破损。

11.6　膜单元制作

Ⅰ　主　控　项　目

11.6.1　膜材料、膜片放样尺寸、膜片裁剪尺寸应满足设计要求，膜片放样尺寸允许偏差应为±1mm，膜片裁剪尺寸允许偏差应为±2mm。

检查数量：全数检查。

检查方法：用钢尺、经纬仪、水平仪或全站仪检验。

【要点说明】

膜结构是一种张拉结构，膜尺寸的精度不仅影响膜自身的张拉，还会影响膜以下的支承结构。所以膜应进行裁剪设计，确定裁剪原则、方法及膜面裁剪加工图。膜材料的剪裁尺寸偏差应严格控制，保证在预拉力应力作用下达到设计尺寸要求。

11.6.2　施工单位对其首次采用的膜片热合连接形式、热合设备、热合层数、热合膜材等，应进行热合工艺评定，根据评定报告制定热合工艺和实施方案。

检查数量：全数检查。

检查方法：检查热合工艺评定。

【要点说明】

热合连接是膜材料的连接方法之一，一般用于有防水要求的膜材连接，一般对PVC膜材料用高频焊接，对PTFE膜则用接触加热物体的高温热合方法。无论采用哪种热合连接型式，只要是首次采用，都应进行热合工艺评定，形成评定报告，在施工前应检查是否具有热合工艺评定报告。

连接处性能应同母材（膜材）。

Ⅱ　一　般　项　目

11.6.3　热合成型后的膜单元，其外形尺寸应满足设计要求，外形尺寸的允许偏差应符合表11.6.3要求。

检查数量：全数检查。

检查方法：用钢尺、经纬仪、水平仪或全站仪检验。

膜单元外形尺寸允许偏差（mm） 表 11.6.3

膜　材	外形尺寸允许偏差
PTFE 膜材	±10
PVC 膜材	±15
ETFE 膜材	±5

【要点说明】

热合成型的膜单元为保证其安装后可以符合设计尺寸，达到较好外观效果，尺寸偏差应符合表 11.6.3 要求。

11.6.4 膜单元应平整，无破损，膜表面无脏渍、尘土及划伤等。热合缝及周边加强部分外观应平整，不得有杂质、气泡、皱褶等缺陷。

检查数量：全数检查。

检查方法：观察检查。

【要点说明】

进场后，对膜单元的外观进行检查，排除破损、划伤、尘土、热合缝内杂质、气泡、褶皱等隐患，保证安装前产品合格完好。

11.6.5 膜片搭接方向、热合缝宽度应满足设计要求，热合缝宽度允许偏差应为±2mm。

检查数量：全数检查。

检查方法：用直尺和卡尺检查。

【要点说明】

膜片热合缝搭接处是整体膜结构强度的薄弱点，需保证其粘结强度，应检查热合缝，并保证其宽度偏差不超过±2mm。

11.7 索杆安装

Ⅰ 主 控 项 目

11.7.1 索杆预应力施加方案，包括预应力施加顺序、分阶段张拉次数、各阶段张拉力和位移值等应满足设计要求；对承重索杆应进行内力和位移双控制，各阶段张拉力值或位移变形值允许偏差为±10%。

检查数量：全数检查。

检查方法：检查施工方案，现场用钢尺、经纬仪、全站仪、测力仪或压力油表检验。

【要点说明】

索杆预应力专业施工，应具有专业施工方案，方案中详细说明预应力施加顺序、分阶段张拉次数、各阶段张拉力和位移值，并应在设计文件中有体现，且严格遵循设计文件要求。索杆张拉力和位移变形值偏差应在一定范围内，以保证安全。

Ⅱ 一 般 项 目

11.7.3 预应力施加完毕，拉索、拉杆（含保护层）、锚具、销轴及其他连接件应无损伤。

检查数量：全数检查。

检查方法：现场观察。

【要点说明】

索杆与主体结构的连接应牢固、可靠，应按设计文件要求连接固定，无设计要求时，按标准中表 11.7.2 构造要求检查。

11.8　膜　结　构　安　装

Ⅰ　主　控　项　目

11.8.1　连接固定膜单元的耳板、T 形件、天沟等的螺孔、销孔空间位置允许偏差应为 10mm，相邻两个孔间距允许偏差应为±5mm。

检查数量：按同类连接件数抽查 10%，且不应少于 3 处。

检查方法：用钢尺、水准仪、经纬仪或全站仪等检验。

【要点说明】

螺栓连接在保证连接强度的前提下，应满足一定精度，且要满足施工方便的要求。

11.8.2　膜结构安装应按照经审核的膜单元总装图和分装图进行安装。

检查数量：全数检查。

检查方法：检查膜结构安装方案，用钢尺检验。

【要点说明】

膜结构安装应具有总装图和分装图，严格按图安装，在膜单元安装前，应在地面按设计要求施加预应力，以使膜面展开，形成稳定受力体系，进行安装。

11.8.3　膜结构预张力施加应以施力点位移和外形尺寸达到设计要求为控制标准，位移和外形尺寸允许偏差应为±10%。

检查数量：全数检查。

检查方法：用钢尺检验。

【要点说明】

膜结构的安装过程中，为方便预应力的控制，以施力点位移和外形尺寸为控制标准，可以有一定的偏差，但要在合理范围内。

Ⅱ　一　般　项　目

11.8.4　膜结构安装完毕后，其外形和建筑观感应满足设计要求；膜面应平整美观，无存水、漏水、渗水现象。

检查数量：全数检查。

检查方法：观察检查。

【要点说明】

膜结构施工完成后，其外形应和建筑施工图相符合，膜面平滑美观。

12 压型金属板工程

12.1 一 般 规 定

12.1.1 本章可用于压型金属板的制作和安装工程的质量验收。

【要点说明】

条文明确本章验收所涵盖的内容为压型金属板的制作和安装等围护结构工程制作、安装的质量验收。

12.1.2 压型金属板的制作和安装工程可按变形缝、楼层、施工段或屋面、墙面、楼面或与其相配套的钢结构安装分项工程检验批的划分原则划分为一个或若干个检验批。

【要点说明】

本章明确了压型金属板的制作和安装工程检验批的划分原则。

12.2 压型金属板制作

Ⅰ 主 控 项 目

12.2.1 压型金属板成型后,其基板不应有裂纹。

检查数量:按计件数抽查5%,且不应少于10件。

检验方法:观察并用10倍放大镜检查。

【要点说明】

压型金属板基板存在轧制形成的裂纹。裂纹会在使用中扩展,降低板的承载力,直接影响压型金属板的使用寿命。所以在压型金属板成型后,应对基板进行严格的检查,检查数量为按件数抽查5%,且不应少于10件,检验方法采用观察和用10倍放大镜检查。有裂纹的板不能使用。

12.2.2 有涂层、镀层压型金属板成型后,涂层、镀层不应有目视可见的裂纹、起皮、剥落和擦痕等缺陷。

检查数量:按计件数抽查5%,且不应少于10件。

检验方法:观察检查。

【要点说明】

压型金属板主要用于建筑物的围护结构,兼结构功能与建筑功能于一体,表面涂层、镀层应完整。成型后应加强检查,检查数量按件数抽查5%,且不应少于10件。检验方法:观察检查。凡涂层、镀层压型板的漆层、镀层有裂纹、剥落、擦痕和露出金属基材等损伤的不能使用,或经补刷涂层修整后使用。

有涂层、镀层压型金属板成型后,涂层、镀层出现目视可见的裂纹、起皮、剥落和擦痕等缺陷。由于存在这些缺陷,会使板锈蚀损伤,降低板的使用功能,同时影响压型金属板的使用寿命。

Ⅱ　一　般　项　目

12.2.3 压型金属板尺寸的允许偏差应符合表12.2.3-1和表12.2.3-2的规定。

　　检查数量：按计件数抽查5%，且不应少于10件。

　　检验方法：用拉线、钢尺和角尺检查。

压型钢板制作的允许偏差（mm）　　　　　　　　　表 12.2.3-1

项　　目		允许偏差	
波　高	截面高度≤70	±1.5	
	截面高度>70	±2.0	
覆盖宽度	截面高度≤70	搭接型	扣合型、咬合型
		+10.0，−2.0	+3.0，−2.0
	截面高度>70	+6.0，−2.0	+3.0，−2.0
板　长		+9.0，0	
波　距		±2.0	
横向剪切偏差（沿截面全宽 b）		$b/100$ 或 6.0	
侧向弯曲	在测量长度 l_1 范围内	20.0	

　　注：l_1 为测量长度，指板长扣除两端各0.5m后的实际长度（小于10m）或扣除后任选10m的长度。

压型铝合金板制作的允许偏差（mm）　　　　　　　表 12.2.3-2

序号	项　　目		允许偏差值	
1	波高		±3.0	
2	覆盖宽度		搭接型 +10.0，−2.0	扣合型、咬合型 +3.0，−2.0
3	板长		+25.0，0	
4	波距		±3.0	
5	压型铝合金板边缘波浪高度	每米长度内	≤5.0	
6	压型铝合金板纵向弯曲	每米长度内（距端部 250mm 内除外）	≤5.0	
7	压型铝合金板侧向弯曲	每米长度内	≤4.0	
		任意 10m 长度内	≤20	

　　注：波高、波距偏差为3～5个波的平均尺寸与其公称尺寸的差。

12.2.4 泛水板、包角板、屋脊盖板几何尺寸的允许偏差应符合表12.2.4的规定。

　　检查数量：按计件数抽查5%，且不应少于10件。

　　检验方法：尺量检查。

泛水板、包角板、屋脊盖板几何尺寸允许偏差　　　　表 12.2.4

项　　目		允许偏差
泛水板、包角板、屋脊盖板	板长	±6.0 mm
	折弯面宽度	±2.0 mm
	折弯面夹角	≤2.0°

【要点说明】

12.2.3、12.2.4 压型金属板制作应严格控制尺寸，出厂应有质量合格证明文件，尺寸允许偏差应符合表 12.2.3-1 压型钢板制作的允许偏差及表 12.2.3-2 压型铝合金板制作的允许偏差的规定。

压型金属板制作尺寸（包括：波距、波高、侧向弯曲、覆盖宽度、板长、横向剪切偏差、泛水板、包角板、屋脊盖板等）超过规范允许偏差值，因尺寸超差，会造成安装困难。板支撑、搭接尺寸超差，降低板的刚度，影响板的承载力。

泛水板、包角板等配件，大多数处于建筑物边角部位，比较显眼，其良好的造型将加强建筑物立面效果。

12.2.5 压型金属板成型后，板面应平直，无明显翘曲；表面应清洁，无油污、无明显划痕、磕伤等。切口应平直，切面整齐，板边无明显翘角、凹凸与波浪型，且不应有皱褶。

检查数量：按计件数抽查 5%，且不应少于 10 件。

检验方法：观察检查。

【要点说明】

压型金属板成型后，板面应平直、干净，不得有明显凹凸和皱褶，并应严格检查，检查数量按计件数抽查 5%，且不应少于 10 件。检验方法为观察检查。不符合要求的不得使用，如为污染，可清理干净后使用。

压型金属板成型后，板面不平直、不干净，有明显凹凸和皱褶。这样会影响板安装的平整度和外观质量。检查压型金属板成型后的平整、划伤和洁净程度是保证建筑物外观质量的重要指标。

12.3 压型金属板安装

Ⅰ 主 控 项 目

12.3.1 压型金属板、泛水板、包角板和屋脊盖板等应固定可靠、牢固，防腐涂料涂刷和密封材料敷设应完好，连接件数量、规格、间距应满足设计要求并符合国家现行标准规定。

检查数量：全数检查。

检验方法：观察和尺量检查。

【要点说明】

铺设压型金属板应根据建筑物所在区域主风向逆向铺设。压型金属板、泛水板、包角板和屋脊盖板等在支承构件上必须固定可靠、牢固，连接构造应符合设计要求。若固定不可靠、牢固，连接件数量过少、间距过大，在外力（刮风、下雨、振动等）作用下，易于松脱、变形或被掀起破坏。防腐涂料涂刷和密封材料敷设应完好，不得遗漏。施工中应加强检查，严格监控。检查数量应全数检查。检验方法为观察和尺量检查。不符合要求的，应修整至合格为止。若防腐涂料涂刷不好，密封材料铺设不完好，会使板很快锈蚀，从而影响屋面、墙面的正常使用，降低使用寿命。需设置防水密封材料处，敷设良好才能保证板间不发生渗漏水现象。

12.3.2 扣合型和咬合型压型金属板板肋的扣合或咬合应牢固，板肋处无开裂、脱落现象。

检查数量：每50m应抽查1处，每处1~2m，且不得少于3处。

检验方法：观察和尺量检查。

【要点说明】

扣合型和咬合型压型金属板板肋的扣合或咬合不牢固，板肋处出现开裂、脱落现象。这样将降低板的抗风能力，同时容易发生渗漏水现象。

扣合型和咬合型压型金属板在铺设时应注意：

(1) 第一块板必须调整到与屋脊线垂直，所有压型金属板应边铺设边用板模卡尺定位、定宽，然后固定、扣合或咬合。

(2) 对于扣合板和咬合板，相邻板的端部搭接应错开一个檩条间距。

(3) 咬合板侧边搭接应对下层板肋局部切角处理，减小板肋咬合后总厚度。

(4) 屋面板的铺设顺序，应使侧边搭接缝处于主风向背风侧。

12.3.3 连接压型金属板、泛水板、包角板和屋脊盖板采用的自攻螺钉、铆钉、射钉的规格尺寸及间距、边距等应满足设计要求并符合国家现行有关标准规定。

检查数量：按连接节点数抽查10%，且不应少于3处。

检验方法：观察和尺量检查。

【要点说明】

连接压型金属板、泛水板、包角板和屋脊盖板采用的自攻螺钉、铆钉、射钉的规格尺寸及间距、边距直接影响被连接板的承载力，同时容易发生渗漏水现象。

12.3.4 屋面及墙面压型金属板的长度方向连接采用搭接连接时，搭接端应设置在支承构件（如檩条、墙梁等）上，并应与支承构件有可靠连接。当采用螺钉或铆钉固定搭接时，搭接部位应设置防水密封胶带。压型金属板长度方向的搭接长度应满足设计要求，且当采用焊接搭接时，压型金属板搭接长度不宜小于50mm；当采用直接搭接时，压型金属板搭接长度不宜小于表12.3.4规定的数值。

压型金属板在支承构件上的搭接长度（mm）　　　表 12.3.4

项　　目		搭接长度
屋面、墙面内层板		80
屋面外层板	屋面坡度≤1/10	250
	屋面坡度>1/10	200
墙面外层板		120

检查数量：搭接部位总长度抽查10%，且不应少于10m。

检验方法：观察和用钢尺检查。

【要点说明】

压型金属板在支承构件上的可靠搭接是指压型金属板通过一定的长度与支承构件接触，且在该接触范围内有足够数量的紧固件将压型金属板与支承构件连接成为一体。

压型金属板安装应在支承构件上可靠搭接，搭接长度应符合设计要求，且不应小于表12.3.4规定的数值，安装时应加强检查，严格监控。检查数量为搭接部位总长度抽查10%，且不应少于10m。检验方法为观察和用钢尺检查。检查不合格的应修整至符合要求，方可验收。

12.3.5 组合楼板中压型钢板与支承结构的锚固支承长度应满足设计要求，且在钢梁上的支承长度不应小于50mm，在混凝土梁上的支承长度不应小于75mm，端部锚固件连接应可靠，设置位置应满足设计要求。

检查数量：沿连接纵向长度抽查10%，且不应少于10m。

检验方法：尺量检查。

12.3.6 组合楼板中压型钢板侧向在钢梁上的搭接长度不应小于25mm，在设有预埋件的混凝土梁或砌体墙上的搭接长度不应小于50mm；压型钢板铺设末端距钢梁上翼缘或预埋件边不大于200mm时，可用收边板收头。

检查数量：沿连接侧向长度抽查10%，且不应少于10m。

检验方法：尺量检查。

【要点说明】

12.3.5、12.3.6 组合楼板中的压型钢板与钢梁、钢筋混凝土楼板应组合成一体，有效传递荷载，保证组合楼板的承载力和稳定性。

组合楼板中的压型钢板（楼承板）是楼板的基层，在组合楼板设计与施工规范中明确规定了楼承板的支承长度和端部锚固连接要求，以及侧向搭接长度，应按标准执行。

组合楼板中压型钢板与主体结构钢梁的支承长度应符合设计要求。一般约为梁上翼缘宽的1/2（中间留10mm间隙），且不应小于50mm。端部连接件采用栓钉焊接连接，设置位置为搭接长度的中间，栓焊连接工艺方法及质量控制要求参见4.2节栓钉焊接一节中有关部分。

12.3.8 压型金属板屋面应防水可靠，不得出现渗漏。

检查数量：全数检查。

检验方法：观察检查和雨后或淋水检验。

【要点说明】

压型金属板的现场防水性能检测，结合实际工程经验，可采用雨后或淋水试验方式进行检查。雨后或淋水检查宜在中雨条件下，连续观察不少于2h进行评估，屋面下部无渗漏即为合格。

Ⅱ 一 般 项 目

12.3.9 压型金属板安装应平整、顺直，板面不应有施工残留物和污物。檐口和墙面下端应呈直线，不应有未经处理的孔洞。

检查数量：按面积抽查10%，且不应少于10m²。

检验方法：观察检查。

【要点说明】

压型金属板安装应平整、顺直，板面不应有施工残留物和污物。檐口和墙面下端应呈直线，不应有未经处理的错钻孔洞。在安装过程中应加强检查和监控。这样，使外观质量达到设计和标准要求，特别是处理错钻孔洞，以防止漏水腐蚀，形成隐患。

12.3.10 连接压型金属板、泛水板、包角板和屋脊盖板采用的自攻螺钉、铆钉、射钉等与被连接板应紧固密贴，外观排列整齐。

检查数量：按连接节点数抽查10%，且不应少于3处。

检验方法：观察或用小锤敲击检查。

【要点说明】

连接压型金属板、泛水板、包角板和屋脊盖板采用的自攻螺钉、铆钉、射钉与被连接板要密贴，这样，外观排列整齐，有助于建筑物的美观，且能保证板的承载力。安装螺钉方法：

（1）现场安装螺钉时，应预先用拉线、直尺和铅笔等划定螺钉位置；

（2）螺钉不应过松或过紧，以密封垫圈被轻微挤出钢垫圈为准；

（3）安装螺钉时，应保证多层压型金属板之间或压型金属板与次结构之间比较紧密地叠合在一起；

（4）当螺钉安装后，因安装质量问题需要更换时，应在同一位置替换安装比原螺钉直径略大的螺钉，以保证可靠连接和密封；

（5）螺钉安装后，应及时清除产生的铁屑，避免生锈。

12.3.11 压型金属板、泛水板、包角板和屋脊盖板安装的允许偏差应符合表12.3.11的规定。

检查数量：每20m长度应抽查1处，且不应少于3处。

检验方法：用拉线、吊线和钢尺检查。

压型金属板、泛水板、包角板和屋脊盖板安装的允许偏差（mm）　　表 12.3.11

项　目		允许偏差
屋面	檐口、屋脊与山墙收边的直线度 檐口与屋脊的平行度（如有） 泛水板、屋脊盖板与屋脊的平行度（如有）	12.0
	压型金属板板肋或波峰直线度 压型金属板板肋对屋脊的垂直度（如有）	$L/800$，且不大于25.0
	檐口相邻两块压型金属板端部错位	6.0
	压型金属板卷边板件最大波浪高	4.0
墙面	竖排板的墙板波纹线相对地面的垂直度	$H/800$，且不大于25.0
	横排板的墙板波纹线与檐口的平行度	12.0
	墙板包角板相对地面的垂直度	$H/800$，且不大于25.0
	相邻两块压型金属板的下端错位	6.0
组合楼板中压型钢板	压型金属板在钢梁上相邻列的错位 $\triangle$ 	15.00

注：L为屋面半坡或单坡长度；H为墙面高度。

12.4 固 定 支 架 安 装

Ⅰ 主 控 项 目

12.4.1 固定支架数量、间距应满足设计要求，紧固件固定应牢固、可靠，与支承结构应密贴。

检查数量：按固定支架数抽查5%，且不得少于20处。

检验方法：观察或用小锤敲击检查。

12.4.2 固定支架安装允许偏差应符合表12.4.2的规定。

检查数量：固定支架数抽查5%，且不得少于20处。

检验方法：观察检查及拉线、尺量。

压型金属板固定支架安装允许偏差　　　　　　　表 12.4.2

序号	项目	允许偏差	图　示
1	沿板长方向，相邻固定支架横向偏差 Δ_1	±2.0mm	固定支座 屋面板纵向固定支座基准线
2	沿板宽方向，相邻固定支架纵向偏差 Δ_2	±5.0mm	支承结构 固定支座
3	沿板宽方向相邻固定支架横向间距偏差 Δ_3	+3.0mm， −2.0mm	支承结构 固定支座 覆盖宽度+Δ_3
4	相邻固定支架高度偏差 Δ_4	±4.0mm	屋面板纵向固定支座高度基准线

序号	项目	允许偏差	图　示
5	固定支架纵向倾角 θ_1	$\pm 1.0°$	
6	固定支架横向倾角 θ_2	$\pm 1.0°$	

Ⅱ　一　般　项　目

12.4.3　固定支架安装后应无松动、破损、变形，表面无杂物。

检查数量：按固定支架数抽查 5%，且不得少于 20 处。

检验方法：观察检查。

【要点说明】

12.4.1～12.4.3　压型金属板系统是通过固定支架、紧固件将单张的压型金属板与支撑构件连接，来承受外部荷载。近年来，压型金属板在使用过程中出现了局部坍塌、风揭、局部撕裂等破坏，主要原因是由于连接或咬合的薄弱，其中固定支架的安装质量起到重要作用，因此，对固定支架的安装质量单独提出要求。

12.5　连接构造及节点

Ⅰ　主　控　项　目

12.5.1　变形缝、屋脊、檐口、山墙、穿透构件、天窗周边、门窗洞口、转角等部位的连接构造应满足设计要求并符合国家现行标准规定。

检查数量：全数检查。

检验方法：观察和尺量检查。

12.5.2　压型金属板搭接部位、各连接节点部位应密封完整、连续，防水符合设计要求。

检查数量：全数检查。

检验方法：观察检查和雨后或淋水检验。

【要点说明】

12.5.1、12.5.2　压型金属板的构造节点，对屋面外观、保温、防水、防风等起到重要作用。因此，这里对节点的安装质量单独提出要求。

Ⅱ　一　般　项　目

12.5.3　变形缝、屋脊、檐口、山墙、穿透构件、天窗周边、门窗洞口、转角等连接部位表面应清洁干净，不应有施工残留物和污物。

检查数量：全数检查。

检验方法：观察检查。

【要点说明】

在变形缝、屋脊、檐口、山墙、穿透构件、天窗周边、门窗洞口、转角等部位连接完毕后表面应清洁干净，不应有施工残留物和污物，避免在安装部位留有铁屑和污物等引起板的锈蚀。

上述这些连接部位，有的需要打胶、有的需要号料裁剪，且都是在大面积铺板施工完成后进行，接近施工收尾，容易造成施工和清扫的遗漏，使施工完成的成品被破坏。施工完成后应有专人进行检查，并做好检查记录。

12.6 金属屋面系统

Ⅰ 主 控 项 目

12.6.1 金属屋面系统防雨（雪）水渗漏及排水构造措施应满足设计要求。

检查数量：全数检查。

检验方法：观察检查和雨后检验。

【要点说明】

防水性是金属屋面系统的重要性能，金属屋面防水一般考虑防排结合，设计时要考虑屋面及时排水，同时易渗漏部位需采取措施防止雨（雪）水渗漏。金属屋面的防水性设计考虑因素非常多，包括屋面坡度、板型、连接形式，还包括屋面板搭接以及屋脊、采光、檐口、山墙、天沟、檐沟等节点部位的设计及实施完好性。因此检查及验收时需观察检查，保证设计措施的落实。同时可采用雨后或淋水试验，一般需持续观察不小于2小时，保证屋面下部无渗漏。

12.6.2 对于下列情况之一，金属屋面系统应按本标准附录C的规定进行抗风揭性能检测，检测结果应满足设计要求。

1 建筑结构安全等级为一级的金属屋面；

2 防水等级Ⅰ、Ⅱ级的大型公共建（构）筑物金属屋面；

3 采用新材料、新板型或新构造的金属屋面；

4 设计文件提出检测要求的金属屋面。

检查数量：每金属屋面系统3组（个）试件。

检验方法：按本标准附录C执行。

【要点说明】

近些年金属屋面由于抗风揭能力不够，屋面风揭破坏情况时有发生，不仅影响了建筑的正常使用，而且造成了一定的经济损失。鉴于此，国内采用金属屋面的工程提出了抗风揭性能检测的要求，通过系统的抗风揭试验以验证金属系统的抗风揭能力，以满足设计要求。

国内采用金属屋面系统的工程非常多，且国内应用金属屋面也积累了一定的经验，从节约成本考虑，在此要求重要的建筑金属屋面，如建筑结构安全等级为一级的金属屋面，防水等级Ⅰ、Ⅱ级的大型公共建（构）筑物金属屋面，以及金属屋面抗风揭性能缺乏成熟经验的采用新材料、新板型或新构造的金属屋面，和设计文件提出检测要求的金属屋面应按本标准附录 C 的规定进行抗风性能检测，检测结果应符合设计要求。

Ⅱ 一 般 项 目

12.6.3 装配式金属屋面系统保温隔热、防水等材料及构造应满足设计要求并符合国家现行标准的规定。

　　检查数量：全数检查。
　　检验方法：观察检查。

【要点说明】

　　金属屋面系统的保温隔热、防水材料种类较多，安装时应按照设计技术要求选用相应品种、规格的材料。应对保温隔热、防水等材料的质量证明文件及性能测试报告进行检查，保证材料使用正确。保温隔热、防水等材料的铺设要求应满足设计和相关标准的要求，如采用多层保温隔热材料时宜错缝铺设，防水卷材应顺坡向搭接，且搭接宽度满足规范要求，尤其是金属屋面的檐口、屋脊、山墙、洞口周边等节点部位，保温隔热、防水等材料的铺设应满足设计要求。

13 涂 装 工 程

13.1 一 般 规 定

13.1.1 本章可用于钢结构的油漆类防腐涂装、金属热喷涂防腐、热浸镀锌防腐和防火涂料涂装等工程的施工质量验收。

【要点说明】

　　本章节所述的涂装工程涵盖了防腐涂装工程和防火涂装工程的施工质量验收。在防腐涂装工程方面增加了金属热喷涂防腐和热浸镀锌防腐工程施工质量验收。

13.1.2 钢结构涂装工程可按钢结构制作或钢结构安装分项工程检验批的划分原则划分成一个或若干个检验批。

【要点说明】

　　按照《建设工程施工质量验收统一标准》GB 50300 相关条款的规定，从工程验收资料的一致性和系统性方面考虑，钢结构涂装工程可按钢结构制作或钢结构安装工程检验批的划分原则划分成一个或若干个检验批。

13.1.3 钢结构防腐涂装工程应在钢结构构件组装、预拼装或钢结构安装工程检验批的施工质量验收合格后进行。钢结构防火涂料涂装工程应在钢结构安装分项工程检验批和钢结构防腐涂装检验批的施工质量验收合格后进行。

【要点说明】

　　《建设工程质量管理条例》和《建设工程施工质量验收统一标准》GB 50300 都对工程质量验收做出了相应的规定。工序是建筑工程施工的基本组成部分，一个检验批可能由一道或多道工序组成。根据目前的验收要求，监理单位对工程质量控制到检验批，对工序的质量一般由施工单位通过自检予以控制。本条规定防腐检验批基本是随制作检验批，而防火的检验批基本同安装检验批。

13.1.4　采用涂料防腐时，表面除锈处理后宜在 4h 内进行涂装。采用金属热喷涂防腐时，钢结构表面处理与热喷涂施工的间隔时间，晴天或湿度不大的气候条件下不应超过 12h，雨天、潮湿、有盐雾的气候条件下不应超过 2h。

【要点说明】

依据国内外研究资料，表面处理的适当与正确性以及防腐处理前钢材表面状态，影响防腐效果的百分点占比高达 49.5%，故规定了构件表面处理与涂装的时间间隔。

防腐涂装之前需在基材表面进行净化处理和粗化处理，净化处理的目的在于去除基材表面的浮锈、氧化皮、油渍及其他污物；粗化处理的目的在于增加涂层与基材之间的接触面，提高涂层与基材的结合强度。

一般来说，钢结构表面处理后应立即进行防腐涂装，以免处理后的钢构件表面长时间暴露在空气中而再次腐蚀，影响涂层的涂装效果。因此，采用涂料防腐时，表面除锈处理与涂装间的间隔时间宜在 4h 之内。采用金属热喷涂防腐时，钢结构表面处理与热喷涂施工的间隔时间，晴天或湿度不大的气候条件下应在 12h 以内。在雨天、潮湿、有盐雾的气候条件下，钢构件更易出现腐蚀现象，其时间间隔应从严控制，要求热喷涂施工不应超过 2h。

13.1.5　采用防火防腐一体化体系（含防火防腐双功能涂料）时，防腐涂装和防火涂装可以合并验收。

【要点说明】

防火防腐一体化体系兼顾防腐和防火功能，施工管理过程中应满足设计要求，同时加强材料进场复试。为了简化现场验收，对于采用防火防腐一体化体系（含防火防腐双功能涂料）的施工项目，防腐涂装和防火涂装可以合并验收。

13.2　防腐涂料涂装

Ⅰ　主　控　项　目

13.2.1　涂装前钢材表面除锈等级应满足设计要求并符合国家现行标准的规定。处理后的钢材表面不应有焊渣、焊疤、灰尘、油污、水和毛刺等。当设计无要求时，钢材表面除锈等级应符合表 13.2.1 的规定。

检查数量：按构件数抽查 10% 且同类构件不应少于 3 件。

检验方法：用铲刀检查和用现行国家标准《涂覆涂料前钢材表面处理　表面清洁度的目视评定　第 1 部分：未涂覆过的钢材表面和全面清除原有涂层后的钢材表面的锈蚀等级和处理等级》GB/T 8923.1 规定的图片对照观察检查。

各种底漆或防锈漆要求最低的除锈等级 表 13.2.1

涂料品种	除锈等级
油性酚醛、醇酸等底漆或防锈漆	St3
高氯化聚乙烯、氯化橡胶、氯磺化聚乙烯、环氧树脂、聚氨酯等底漆或防锈漆	Sa2½
无机富锌、有机硅、过氯乙烯等底漆	Sa2½

【要点说明】

发挥涂料的防腐效果重要的是漆膜与钢材表面的严密贴敷，若在基底与漆膜之间夹有锈、油脂、污垢及其他异物，不仅会妨碍防锈效果，还会起反作用而加速锈蚀。因而钢材表面处理，并控制钢材表面的粗糙度，在涂料涂装前是必不可缺少的。

（1）锈蚀等级

钢材表面分 A、B、C、D 四个锈蚀等级：

A：全面地覆盖着氧化皮而几乎没有铁锈；

B：已发生锈蚀，并且部分氧化皮剥落；

C：氧化皮因锈蚀而剥落，或者可以剥除，并有少量点蚀；

D：氧化皮因锈蚀而全面剥落，并普遍发生点蚀。

（2）喷射或抛射除锈等级

喷射或抛射除锈用 Sa 表示，分四个等级：

Sa1—轻度的喷射或抛射除锈。

钢材表面应无可见的油脂或污垢，没有附着不牢的氧化皮、铁锈和油漆涂层等附着物。

Sa2—彻底的喷射或抛射除锈。

钢材表面无可见的油脂和污垢，氧化皮、铁锈等附着物已基本清除，其残留物应是牢固附着的。

Sa2½—非常彻底的喷射或抛射除锈。

钢材表面无可见的油脂、污垢、氧化皮、铁锈和油漆涂层等附着物，任何残留的痕迹应仅是点状或条状的轻微色斑。

Sa3—使钢材表观洁净的喷射或抛射除锈。

钢材表面无可见的油脂、污垢、氧化皮、铁锈和油漆涂层等附着物，该表面应显示均匀的金属光泽。

（3）手工和动力工具除锈等级

手工和动力工具除锈用 St 表示，分 3 个等级：

St1—彻底的手工和动力工具除锈。

钢材表面应无可见的油脂和污垢，没有附着不牢的氧化皮、铁锈和油漆涂层等附着物。

St2—留底的手工和动力工具除锈。

钢材表面应无可见的油脂和污物，没有附着不牢的氧化皮、铁锈和油漆涂层等附着物。

St3—非常彻底的手工和动力工具除锈。

钢材表面应无可见的油脂和污垢，没有附着不牢的氧化皮、铁锈和油漆涂层等附着物。除锈应比 St2 更为彻底，底材显露部分的表面应具有金属光泽。

13.2.2 当设计要求或施工单位首次采用某涂料和涂装工艺时，应按照本标准附录 D 的规定进行涂装工艺评定，评定结果应满足设计要求并符合国家现行标准的要求。

检查数量：全数检查。

检验方法：检查涂装工艺评定报告。

【要点说明】

1. 准备

(1) 涂料的入库及储存

1) 涂料的入库：进厂的涂料应有产品合格证与质量证明文件，钢结构防腐涂料、稀释剂和固化剂等材料的品种、规格、性能、名称、型号、颜色、有效期等应与质量证明文件相符。涂料开启后不应存在结皮、结块、凝胶等现象。

2) 涂料的储存和发放：

① 涂料及辅助材料应储存在通风良好的荫凉库房内；

② 仓库温度一般控制在 5～35℃，并按原桶密封保管；

③ 为防止沉淀、结块，每隔 2～3 个月应将油桶倒置；

④ 库房附近应杜绝火种，并要有明显的"严禁烟火"标志和灭火工具。

(2) 计量和试验器具

1) 所有的测量和试验器具均应按规定的时间、要求进行标定，并标贴标签后才能使用；

2) 漆膜测厚仪、粗糙度仪等每间隔一段时间应进行零位的调整，以确保其正常的工作状态。

2. 钢板试样的制备

截取长、宽为 1000mm、500mm 试件一块，试件应平整且没有变形。

3. 涂装前表面处理

(1) 打磨：所有气割、剪切、机加工后的自由边锐角均应打磨至 2mm 的圆角。

(2) 钢结构在机械加工时，尽量使用水基切削油。

(3) 钢材表面应无可见的油脂和油污。

(4) 钢材表面锈蚀和除锈等级标准：

1) 钢材表面的锈蚀等级：

标准对钢材表面分成 A、B、C、D 四个锈蚀等级，见表 1-13-1。

锈 蚀 等 级　　　　　　　　　　　　表 1-13-1

钢材表面的锈蚀等级	锈蚀程度的描述
A 级	全面地覆盖着氧化皮，而几乎没有铁锈的钢材表面
B 级	已经开始锈蚀，且氧化皮已开始剥落的钢材表面
C 级	氧化皮已因锈蚀而剥落或者可以刮除，并且有少量点蚀
D 级	氧化皮已因锈蚀而剥落，并且已普遍发生点蚀

注：标准除上述文字描述外，标准还有 4 张典型的照片以共同确定锈蚀等级。

2) 表面处理除锈等级（清洁度、粗糙度）要求：

① 磨料的选择：

a. 抛丸、喷丸一般采用铁丸、钢丸、钢丸与钢丝切丸混合使用；

b. 手工喷砂一般采用石英砂、金刚砂等；

c. 磨料为铁丸、钢丸，磨料的直径以 0.5～2.0mm 为宜；

d. 磨料的表面不得有油污，含水率小于 1%。

② 表面粗糙度：

表面粗糙度一般要求：40～80μm。

③ 除锈：

所有构件除锈可优先采用八轮抛丸机，亦可采用手工喷砂，除锈等级应符合设计要求和《涂覆涂料前钢材表面处理》GB 8923 中规定的除锈等级。

4. 禁止涂装工艺评定的条件

(1) 温度低于5℃或高于38℃时；

(2) 相对湿度大于85%，钢材表面温度低于露点以上3℃时；

(3) 室外涂漆，有雾、霜、下雨、下雪、大风时；

(4) 试样受潮及该状态将持续时；

(5) 试样有油、水和异物存在时；

(6) 超过规定的涂装间隔和使用涂料超过了规定的使用时间时；

(7) 在未稀释、混合、搅拌前发现涂料有异常时；

(8) 钢材表面未处理或未达到规定的标准要求时。

5. 涂装作业

喷涂的技术参数参照油漆使用说明书。

6. 涂层外观评定

目测每道涂层表面无表 1-13-2 所列缺陷：

缺 陷 列 表　　　　　　　　　　　　　　　表 1-13-2

序号	名　称	表　现
1	颜色游离	涂料中混合数种颜料比重轻者上浮使表面形成不规则的斑点
2	白化	涂膜发白成混浊状
3	刷痕	随着毛刷刷行方向留下凹凸刷痕
4	吐色	底层漆颜色为上层溶化渗透出面漆
5	剥离	上层涂料溶剂浸透底漆产生剥离现象
6	针孔	涂面有针状小孔
7	桔子皮	涂面橘子皮状凸凹
8	起泡	混入涂料中之空气留在涂膜中形成气泡
9	皱纹	涂面产生皱纹状的缩收
10	干燥不良	超过规定时间涂膜仍未干燥
11	回粘	已干的涂膜再呈现黏性的现象

7. 涂层厚度评定

检测 5 处，每处为间隔 3～5cm 的三个点的平均值作为该处的膜厚，每点的值不得低于要求值的 90%，低于要求的点不得超过总点数的 10%。见图 1-13-1。

8. 涂层附着力评定

按《色漆和清漆 拉开法附着力试验》GB/T 5210 或《色漆和清漆 漆膜的划格法试验》GB/T 9286 检验。

(1) 普通涂料与钢材的附着力不低于 5MPa（拉开法）或不低于 1 级（划格法）。

(2) 各道涂层和涂层体系的附着力，涂层厚度不大于 250μm 时，当按划格法检测应不大于 1 级；涂层厚度大于 250μm 时，按拉开法检测，应不小于 3MPa（用于外露钢结构时应不小于 5MPa）。

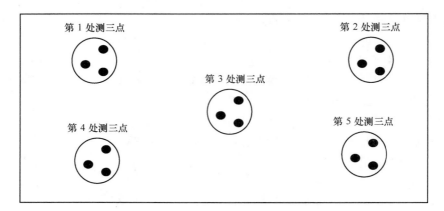

图 1-13-1 检测 5 处

9. 附表

附件一 天气情况

天气状况	时间	干湿	湿温	相对湿度	试件温度	露点温度	晴天	多云	阴天	雨	风力
底漆											
中间漆											
面漆											

附件二 油漆

产品名称	颜色	固化剂批号	基料批号	稀释剂比例（%）

附件三 表面处理

表面处理		粗糙度		磨料类型			清洁情况				
冲沙 Sa	动力 St	标准	平均	钢丸	棱角砂	铜矿砂	其他	好	较好	一般	差

附件四 喷涂

喷涂方法				油漆混合方法		喷涂状况		
无气	有气	辊涂	刷涂	机械	人工	泵型号	压缩比	输出压力

附件五 漆膜厚度

	测点 1		测点 2		测点 3		测点 4		测点 5		标准值
	单个	平均	单个	平均	单个	平均	单个	平均	单个	平均	
膜厚											

附件六　漆膜附着力检测测试报告（报告内容略）

13.2.3　防腐涂料、涂装遍数、涂装间隔、涂层厚度均应满足设计文件、涂料产品标准的要求。当设计对涂层厚度无要求时，涂层干漆膜总厚度：室外不应小于 **150μm**，室内不应小于 **125μm**。

　　检查数量：按照构件数抽查 **10%**，且同类构件不应少于 **3** 件。

　　检验方法：用干漆膜测厚仪检查。每个构件检测 **5** 处，每处的数值为 **3** 个相距 **50mm** 测点涂层干漆膜厚度的平均值。漆膜厚度的允许偏差为 **−25μm**。

　　【要点说明】

　　钢材容易锈蚀是其主要缺陷之一，钢结构的腐蚀是长期使用过程中不可避免的一种自然现象，由腐蚀引起的经济损失在国民经济中占有一定的比例，因此防止结构过早腐蚀，提高其使用寿命，是设计、施工、使用单位的共同使命。在钢结构表面涂装防腐涂层，是目前防止腐蚀的主要手段，过去施工单位往往对涂装工程重视不够，给钢结构的应用带来负面影响，因此对涂料、涂装遍数、涂层厚度进行强制性要求是必要的。

　　由于每种涂料（油漆）完全干透的时间不同，从几小时到几十个小时，甚至若干天后才能彻底干透，如果测量每层厚度，涂装的时间就很长，工程上不现实，因此只检测涂层总厚度。当涂装由制造厂和安装单位分别承担时，才进行单层干漆膜厚度的检测。

　　每个构件检测 5 处，每处的数值为 3 个相距 50mm 测点涂层干漆膜厚度的平均值。每处 3 个测点的平均值应不小于标准涂层厚度的 90%，且在允许偏差范围内；3 点中的最小值应不小于标准涂层厚度的 80%。

　　标准涂层厚度是指设计要求的涂层厚度值；当设计无要求时，室外应为 $150\mu m$，室内应为 $125\mu m$。

13.2.4　金属热喷涂涂层厚度应满足设计要求。

　　检查数量：平整的表面每 $10m^2$ 表面上的测量基准面数量不得少于 3 个，不规则的表面可适当增加基准面数量。

　　检验方法：按现行国家标准《热喷涂涂层厚度的无损测量方法》GB/T 11374 的有关规定执行。

　　【要点说明】

　　基准面定义：在主要表面上对涂层厚度进行规定的单次测量的区域。

13.2.5　金属热喷涂涂层结合强度应符合现行国家标准《热喷涂　金属和其他无机覆盖层　锌、铝及其合金》GB/T 9793 的有关规定。

　　检查数量：每 $500m^2$ 检测数量不得少于 1 次，且总检测数量不得少于 3 次。

　　检查方法：按国家现行标准《热喷涂　金属和其他无机覆盖层　锌、铝及其合金》GB/T 9793 的有关规定执行。

　　【要点说明】

　　结合强度试验方法和整理试验结果需要供需双方协议确定。

13.2.6　当钢结构处于有腐蚀介质环境、外露或设计有要求时，应进行涂层附着力测试。在检测范围内，当涂层完整程度达到 70% 以上时，涂层附着力可认定为质量合格。

　　检查数量：按构件数抽查 1%，且不应少于 3 件，每件测 3 处。

检验方法：按照现行国家标准《漆膜附着力测定法》GB 1720 或《色漆和清漆漆 膜的划格试验》GB/T 9286 执行。

【要点说明】

色漆和清漆膜的划格表

级　别	描　　述	图　示
0	完全光滑：无任何方格分层	—
1	交叉处有小块的剥离，影响面积为 5%	
2	交叉点沿边缘剥落，影响面积为 5%～15%	
3	沿边缘整条剥落，和/或部分或全部不同的格子，影响面积 15%～35%	
4	沿边缘整条剥落，有些格子部分或全部剥落，影响面积 35%～65%	
5	任何大于根据级别 4 来进行分级的剥落级别	

注意事项：

（1）所有切口应穿透涂层，但切入底材不得太深。

（2）如因涂层过厚和硬而不能穿透到底材，则该试验无效，但应在试验报告中说明。

（3）在特殊情况下或有特殊要求时须配合胶带法测定。胶带一般是 25mm 宽的半透明胶带，背材为聚酯薄膜或醋酸纤维。将胶带贴在整个划格上，然后以最小角度撕下，结果可根据漆膜表面被胶落面积的比例来求得。

（4）涂层性能测试要在标准大气环境养护 3 周（21d）后进行。在现场的测试，尽管涂层固化环境不稳定，但是经过 21d 的风化后，涂层系统进入了更为稳定的状态，此时进行附着力测试其结果更为准确，更具有科学说服力。

Ⅱ　一　般　项　目

13.2.7 涂层应均匀，无明显皱皮、流坠、针眼和气泡等。

检查数量：全数检查。

检验方法：观察检查。

【要点说明】

皱皮、流坠、针眼和气泡等现象与施工工艺、气候条件、表面污染等原因密不可分，所以这些涂层表面缺陷直接影响防腐涂装工程质量。本标准要求全数检查，在施工过程中应严格执行防腐涂装工艺方案。

13.2.8 金属热喷涂涂层的外观应均匀一致，涂层不得有气孔、裸露母材的斑点、附着不牢的金属熔融颗粒、裂纹或影响使用寿命的其他缺陷。

检查数量：全数检查。

检验方法：观察检查。

【要点说明】

金属热喷涂涂层的外观质量直接影响涂层质量和构件的使用寿命，因此本标准要求全数检查金属热喷涂涂层的外观质量，并且涂层不得有气孔、裸露母材的斑点、附着不牢金属熔融颗粒、裂纹及其他影响使用寿命的缺陷。

13.2.9 涂装完成后，构件的标志、标记和编号应清晰完整。

检查数量：全数检查。

检验方法：观察检查。

【要点说明】

目前很多超高层钢结构项目都位于城市繁华商业区，现场构件堆放场地狭小，在构件上标志标记和编号，有利于安装现场的管理和识别，避免二次倒运，方便按顺序安装。

有一些大型钢构件，由于体积大、重量重，还需要在构件上标注重量、重心位置、定位标记等辅助安装措施。

13.3 连接部位涂装及涂层缺陷修补

Ⅰ 主 控 项 目

13.3.1 在施工过程中，钢结构连接焊缝、紧固件及其连接节点的构件涂层被损伤的部位，应编制专项涂装修补工艺，且应满足设计和涂装工艺评定的要求。

检查数量：全数检查。

检验方法：检查专项涂装修补工艺方案、涂装工艺评定和施工记录。

【要点说明】

连接节点的作用是通过一定方式将板材或型钢组合成构件，或将若干构件组合成整体结构，以保证其共同作用。可见连接节点在整体结构中的重要性。因此，本次标准修订中增加了连接节点的防腐涂装要求。

钢构件在加工制作和现场安装等环节中，露天堆放或放置是不可避免的，风吹日晒、下雨下雪等自然条件都会对连接节点带来影响，以至于被污染和锈蚀。钢结构构件在运输、装卸、安装等施工过程中，比较容易对防腐涂层造成损坏。本条款旨在要求加强成品保护。

在实际操作过程中，防腐涂装修补比防腐涂装更难以保证涂装质量，因此要求编制专项涂装修补工艺。

13.3.2 钢结构工程连接焊缝或临时焊缝、补焊部位，涂装前应清理焊渣、焊疤等污垢，钢材表面处理应满足设计要求。当设计无要求时，宜采用人工打磨处理，除锈等级不低于 St3。

检查数量：全数检查。

检验方法：用现行国家标准《涂覆涂料前钢材表面处理 表面清洁度的目视评定 第

1部分：未涂覆过的钢材表面和全面清除原有涂层后的钢材表面的锈蚀等级和处理等级》GB/T 8923.1规定的图片对照观察检查。

13.3.3 高强度螺栓连接部位，涂装前应按设计要求除锈、清理，当设计无要求时，宜采用人工除锈、清理，除锈等级不低于St3。

检查数量：全数检查。

检验方法：用现行国家标准《涂覆涂料前钢材表面处理 表面清洁度的目视评定 第1部分：未涂覆过的钢材表面和全面清除原有涂层后的钢材表面的锈蚀等级和处理等级》GB 8923.1规定的图片对照观察检查。

【要点说明】

此两条强调安装现场焊缝和高强螺栓及摩擦面部位防腐涂装前的表面处理，它们具有相同的特点：工作量较小且分散、不方便作业且有一定难度。要求做好交底，加强质量管理和监理检查验收。本标准规定首先必须满足设计要求，当设计无要求时，宜采用人工打磨处理，除锈等级不低于St3。

13.3.4 构件涂层受损伤部位，修补前应清除已失效和损伤的涂层材料，根据损伤程度按照专项修补工艺进行涂层缺陷修补，修补后涂层质量应满足设计要求并符合本标准的规定。

检查数量：全数检查。

检验方法：漆膜测厚仪和观察检查。

【要点说明】

所有损伤的涂层都要在现场进行修补，包括运输、装卸、架设，电焊、切割以及其他所有的火工所造成的漆膜损伤。修补工作开始前，编制专项修补工艺。修补必须从损伤的那一涂层开始，分为面漆损伤、底漆损伤、母材损伤。修补后涂层质量应符合设计和本标准的要求。

Ⅱ 一 般 项 目

13.3.5 钢结构工程连接焊缝、紧固件及其连接节点，以及施工过程中构件涂层被损伤的部位，涂装或修补后的涂层外观质量应满足设计要求并符合本标准的规定。

检查数量：全数检查。

检验方法：观察检查。

【要点说明】

强调外观质量应符合设计和本标准要求。

13.4 防 火 涂 料 涂 装

Ⅰ 主 控 项 目

13.4.1 防火涂料涂装前，钢材表面防腐涂装质量应满足设计要求并符合本标准的规定。

检查数量：全数检查

检验方法：检查防腐涂装验收记录。

【要点说明】

按照本标准要求的各分项检验批验收合格后，才能进行防火涂料涂装。对于钢结构工程规模巨大的项目，可分区分段进行相应区段分项检验批的验收工作，验收通过后，进行该区段的防火涂料涂装。

13.4.2 防火涂料粘结强度、抗压强度应符合现行国家标准《钢结构防火涂料》GB 14907 的规定。

检查数量：每使用 100t 或不足 100t 薄涂型防火涂料应抽检一次粘结强度；每使用 500t 或不足 500t 厚涂型防火涂料应抽检一次粘结强度和抗压强度。

检验方法：检查复检报告。

【要点说明】

钢结构防火涂料的主要性能是耐火性能，除耐火性能必须满足设计和相关规范要求外，粘结强度与抗压强度是两个常规物理性能。当粘结强度与抗压强度不能满足相关要求时，将造成防火涂料的损坏和脱落，一旦发生火情，就会带来风险和损失。

较为恶劣的环境，防火涂料还需满足耐暴热、耐湿热、耐冻融循环、耐酸性等等方面性能的要求。

13.4.3 膨胀型（超薄型、薄涂型）防火涂料、厚涂型防火涂料的涂层厚度及隔热性能应满足国家现行标准有关耐火极限的要求，且不应小于 $-200\mu m$。当采用厚涂型防火涂料涂装时，80% 及以上涂层面积应满足国家现行标准有关耐火极限的要求，且最薄处厚度不应低于设计要求的 85%。

检查数量：按照构件数抽查 10%，且同类构件不应少于 3 件。

检验方法：膨胀型（超薄型、薄涂型）防火涂料采用涂层厚度测量仪，涂层厚度允许偏差应为 -5%。厚涂型防火涂料的涂层厚度采用本标准附录 E 的方法检测。

【要点说明】

钢结构的耐火性能差是其主要缺陷之一，钢结构表面喷涂防火涂料是提高其耐火极限时间的主要方法。因此为确保钢结构的安全使用，对钢结构表面的防火涂料的涂层厚度进行强制性要求是必要的。薄涂型防火涂料和厚涂型防火涂料不论在防火工作机理还是在施工方法方面存在着较大的差异，因此对涂层厚度的要求也不相同。

用测针检测涂层厚度

1. 测定方法：测针由针杆和可滑动的圆盘始终保持与针杆垂直，并在其上装有固定装置，圆盘直径不大于 30mm，以保证完全接触被测涂层的表面。测试时，将测厚探针插入防火涂层直至钢材表面，记录标尺读数。如图 1-13-2 所示。

2. 测点的选择：对不同的钢结构，选点的方法不同。楼板和防火墙的防火涂层，可选用两相邻纵横轴线相交中的面积为一单元，在其对角线上，按每米长度选一点进行测试；全框架结构的

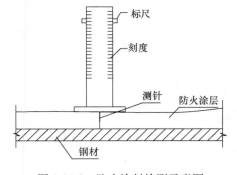

图 1-13-2 防火涂料检测示意图

梁和柱以及桁架结构上弦和下弦的防火涂层厚度的测定，在构件长度内每隔 3m 取一截面，按图 1-13-3 所示位置测试。

3. 结果计算：对于楼板和墙面，在选择的面积中，至少测出 5 个点；对于梁和柱等构件在选择的位置中，分别测出 6 个或 8 个点，分别计算出它们的平均值，精确

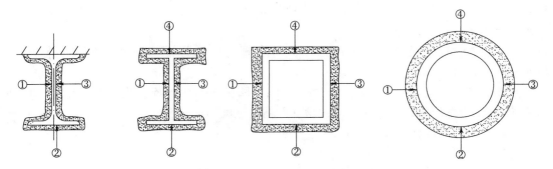

图 1-13-3 柱、梁、桁架涂层厚度检测位置示意图

到 0.5mm。

13.4.4 超薄型防火涂料涂层表面不应出现裂纹；薄涂型防火涂料涂层表面裂纹宽度不应大于 0.5mm；厚涂型防火涂料涂层表面裂纹宽度不应大于 1.0mm。

检查数量：按同类构件数抽查 10%，且均不应少于 3 件。

检验方法：观察和用尺量检查。

【要点说明】

1. 薄型防火涂料涂层的标准

(1) 涂层厚度必须全部等于或大于防火设计规定的厚度。

(2) 无漏涂、脱粉、明显裂缝等缺陷。如有个别裂缝，其裂缝宽度应不大于 0.5mm。

(3) 涂层与钢材之间和各涂层之间，应粘结牢固，无脱层、空鼓等情况。

(4) 颜色外观符合设计要求，轮廓清晰，接槎平整。

2. 厚型防火涂料的质量标准

(1) 涂料的平均厚度等于或大于防火设计规定的厚度，个别部位的厚度低于原订标准，必须大于原订标准的 85%，且 80% 以上的面积厚度符合耐火极限的防火设计要求，厚度不足部位的连续面积的长度不大于 1m，并在 5m 范围内不再出现类似情况。

(2) 涂层应完全闭合，不应有露底和漏涂情况。

(3) 涂层一般不出现裂缝。如有个别裂缝，其裂缝宽度不大于 1mm。

(4) 涂层与钢材之间和各涂层之间，应粘结牢固，无空鼓、脱层和松散现象。

(5) 涂层表面应无明显乳突。有外观要求的部位，母线不直度和失圆度允许偏差不应大于 8mm。

Ⅱ 一 般 项 目

13.4.5 防火涂料涂装基层不应有油污、灰尘和泥砂等污垢。

检查数量：全数检查。

检验方法：观察检查。

13.4.6 防火涂料不应有误涂、漏涂，涂层应闭合，无脱层、空鼓、明显凹陷、粉化松散和浮浆、乳突等缺陷。

检查数量：全数检查。

检验方法：观察检查。

【要点说明】

防火涂料涂装前,钢结构表面的油污、灰尘、泥沙等污垢应清除干净,才能有效地保证防火涂层与基材层的附着力。

防火涂料涂装的作用是防止钢结构在火灾中局部或整体损坏,因此,本标准规定防火涂料不应有漏涂。

防火涂料涂层脱层、空鼓、明显凹陷、粉化松散和浮浆等外观缺陷影响防火涂料涂装的耐久性,容易造成防火涂装工程未到使用年限而产生脱落。

剔除乳突主要是为了外观干净整洁。

14 钢结构分部竣工验收

14.0.1 钢结构作为主体结构之一应按子分部工程竣工验收;当主体结构均为钢结构时应按分部工程竣工验收。大型钢结构工程可划分成若干个子分部工程进行竣工验收。

14.0.2 钢结构分部工程有关安全及功能的检验和见证检测项目应按本标准附录 F 执行。

14.0.3 钢结构分部工程有关观感质量检验应按本标准附录 G 执行。

14.0.4 钢结构分部工程合格质量标准应符合下列规定:

  1 各分项工程质量均应符合合格质量标准;

  2 质量控制资料和文件应完整;

  3 有关安全及功能的检验和见证检测结果应满足本标准相应合格质量标准的要求;

  4 有关观感质量应满足本标准相应合格质量标准的要求。

14.0.5 钢结构分部工程竣工验收时,应提供下列文件和记录:

  1 钢结构工程竣工图纸及相关设计文件;

  2 施工现场质量管理检查记录;

  3 有关安全及功能的检验和见证检测项目检查记录;

  4 有关观感质量检验项目检查记录;

  5 分部工程所含各分项工程质量验收记录;

  6 分项工程所含各检验批质量验收记录;

  7 强制性条文检验项目检查记录及证明文件;

  8 隐蔽工程检验项目检查验收记录;

  9 原材料、成品质量合格证明文件,中文产品标志及性能检测报告;

  10 不合格项的处理记录及验收记录;

  11 重大质量、技术问题实施方案及验收记录;

  12 其他有关文件和记录。

14.0.6 钢结构工程质量验收记录应符合下列规定:

  1 施工现场质量管理检查记录可按现行国家标准《建筑工程施工质量验收统一标准》GB 50300 的规定进行;

  2 分项工程检验批质量验收记录可按本标准附录 H 中表 H.0.1～表 H.0.15 进行;

  3 分项工程验收记录可按现行国家标准《建筑工程施工质量验收统一标准》GB

50300 有关规定执行；

4 分部（子分部）工程验收记录可按现行国家标准《建筑工程施工质量验收统一标准》GB 50300 的有关规定执行。

14.0.7 钢结构工程计量应以设计单位出具的或由设计单位确认的钢结构施工详图及设计变更等设计文件为依据。钢结构工程计量方法应遵守合同文件的规定，当合同文件没有明确规定时，可执行本标准附录 J 的规定。

附录 A 钢材复验检测项目与检测方法

A.0.1 钢材质量合格验收应符合下列规定：

1 全数检查钢材的质量合格证明文件、中文标志及检验报告等，检查钢材的品种、规格、性能等应符合国家现行标准的规定并满足设计要求。

2 对属于下列情况之一的钢材，应进行抽样复检，其复验结果应符合国家现行产品标准的规定并满足设计要求。

  1）结构安全等级为一级的重要建筑主体结构用钢材；

  2）结构安全等级为二级的一般建筑，当其结构跨度大于 60m 或高度大于 100m 时或承受动力荷载需要验算疲劳的主体结构用钢材；

  3）板厚不小于 40mm，且设计有 Z 向性能要求的厚板；

  4）强度等级大于或等于 420MPa 高强度钢材；

  5）进口钢材、混批钢材，或质量证明文件不齐全的钢材；

  6）设计文件或合同文件要求复验的钢材。

A.0.2 钢材复验检验批量标准值是根据同批钢材量确定的，同批钢材应由同一牌号、同一质量等级、同一规格、同一交货条件的钢材组成。检验批量标准值可按照表 A.0.2 采用。

钢材复验检验批量标准值（t）　　　　　表 A.0.2

同批钢材量	检验批量标准值
≤500	180
501～900	240
901～1500	300
1501～3000	360
3001～5400	420
5401～9000	500
>9000	600

注：同一规格可参照板厚度分组：≤16mm；>16mm，≤40mm，>40mm，≤63mm；>63mm，≤80mm；>80mm，≤100mm；>100mm。

A.0.3 根据建筑结构的重要性及钢材品种不同，对检验批量标准值进行修正，检验批量值取 10 的整数倍。修正系数可按表 A.0.3 采用。

钢材复验检验批量修正系数 表 A.0.3

项 目	修正系数
1. 建筑结构安全等级一级，且设计使用年限 100 年重要建筑用钢材； 2. 强度等级超过大于或等于 420MPa 高强度钢材	0.85
获得认证且连续首三批均检验合格的钢材产品	2.00
其他情况	1.00

注：修正系数为 2.00 的钢材产品，当检验出现不合格时，应按照修正系数 1.00 重新确定检验批量。

A.0.4 钢材的复验项目应满足设计文件的要求，当设计文件无要求时可按表 A.0.4 执行。

每个检验批复验项目及取样数量 表 A.0.4

序号	复验项目	取样数量	适用标准编号	备注
1	屈服强度、抗拉强度、伸长率	1	GB/T 2975、GB/T 228.1	承重结构采用的钢材
2	冷弯性能	3	GB/T 232	焊接承重结构和弯曲成型构件采用的钢材
3	冲击韧性	3	GB/T 2975、GB/T 229	需要验算疲劳的承重结构采用的钢材
4	厚度方向断面收缩率	3	GB/T 5313	焊接承重结构采用的 Z 向钢
5	化学成分	1	GB/T 20065、GB/T 223 系列标准、GB/T 4336、GB/T 20125	焊接结构采用的钢材保证项目：P、S、C（CEV）；非焊接结构采用的钢材保证项目：P、S
6	其他		由设计提出要求	

A.0.5 铸钢件检验应符合下列规定：

1 铸钢件的检验，应按同一类型构件、同一炉浇注、同一热处理方法划分为一个检验批；

2 厂家在按批浇铸过程中应连体铸出试样坯，经同炉热处理后加工成试件两组，其中一组用于出厂检验，另一组随铸钢产品进场进行见证复检。

铸钢件按批进行检验，每批取 1 个化学成分试件、1 个拉伸试件和 3 个冲击韧性试件（设计要求时）。

检验项目和检验方法按本标准表 A.0.4 执行。

A.0.6 拉索、拉杆、锚具复验应符合下列规定：

1 对应于同一炉批号原材料，按同一轧制工艺及热处理制作的同一规格拉杆或拉索为一批；

2 组装数量以不超过 50 套件的锚具和索杆为 1 个检验批。

每个检验批抽 3 个试件按其产品标准的要求进行拉伸检验。

检验项目和检验方法按本标准表 A.0.4 执行。

附录 B 紧固件连接工程检验项目

B.0.1 螺栓实物最小载荷检验应符合以下规定：

1 测定螺栓实物的抗拉强度应符合现行国家标准《紧固件机械性能 螺栓、螺钉和螺柱》GB/T 3098.1 的要求；

2 检验方法应采用专用卡具将螺栓实物置于拉力试验机上进行拉力试验，为避免试件承受横向载荷，试验机的夹具应能自动调正中心，试验时夹头张拉的移动速度不应超过 25mm/min；

3 螺栓实物的抗拉强度应按螺纹应力截面积（A_s）计算确定，其取值应按现行国家标准《紧固件机械性能 螺栓、螺钉和螺栓》GB/T 3098.1 的规定取值；

4 进行试验时，承受拉力载荷的末旋合的螺纹长度应为 6 倍以上螺距，当试验拉力达到现行国家标准《紧固件机械性能 螺栓、螺钉和螺柱》GB/T 3098.1 中规定的最小拉力载荷（$A_s \cdot \sigma_b$）（σ_b 为抗拉强度）时不得断裂。当超过最小拉力载荷直至拉断时，断裂位置应发生在杆部或螺纹部分，而不应发生在螺头与杆部的交接处。

B.0.2 扭剪型高强度螺栓紧固轴力复验应符合以下规定：

1 复验用的螺栓应在施工现场待安装的螺栓批中随机抽取，每批应抽取 8 套连接副进行复验；

2 检验方法和结果应符合现行国家标准《钢结构用扭剪型高强度螺栓连接副》GB/T 3632 的规定。连接副的紧固轴力平均值及标准偏差应符合表 B.0.2 的规定。

扭剪型高强度螺栓紧固轴力平均值和标准偏差 （kN）　　　表 B.0.2

螺栓公称直径（mm）	M16	M20	M22	M24	M27	M30
紧固轴力的平均值 $\overline{P}$	100~121	155~187	190~231	225~270	290~351	355~430
标准偏差 σ_P	≤10.0	≤15.4	≤19.0	≤22.5	≤29.0	≤35.4

注：每套连接副只做一次试验，不得重复使用。试验时垫圈发生转动，试验无效。

B.0.3 扭剪型高强度螺栓终拧质量检验应符合以下规定：

1 扭剪型高强螺栓终拧检查以目测螺栓尾部梅花头拧断为合格；

2 对于不能用专用扳手拧紧的扭剪型高强度螺栓按大六角头高强度螺栓规定进行终拧质量检查。

B.0.4 高强度大六角头螺栓连接副扭矩系数复验应符合以下规定：

1 复验用的螺栓应在施工现场待安装的螺栓批中随机抽取，每批应抽取 8 套连接副进行复验；

2 检验方法和结果应符合现行国家标准《钢结构用高强度大六角头螺栓、大六角螺母、垫圈技术条件》GB/T 1231 的规定。高强度大六角头螺栓的扭矩系数平均值及标准偏差应符合表 B.0.4 的规定。

高强度大六角头螺栓连接副扭矩系数平均值和标准偏差值 表 B. 0. 4

连接副表面状态	扭矩系数平均值	扭矩系数标准偏差
符合现行国家标准《钢结构用高强度大六角头螺栓、大六角螺母、垫圈技术条件》GB/T 1231 的要求	0.11～0.15	≤0.0100

注：每套连接副只做一次试验，不得重复使用。试验时垫圈发生转动，试验无效。

B. 0. 5 高强度大六角头螺栓采用扭矩法施工时，其终拧质量检查应符合下列规定：

1 用小锤（约 0.3kg）敲击螺母对高强度螺栓进行普查是否有漏拧。

2 终拧扭矩应按节点数抽查 10%，且不应少于 10 个节点。对于每个被抽查的节点应按螺栓数抽查 10%，且不少于 2 个螺栓。

3 检查时先在螺杆端面和螺母上划一直线，然后将螺母拧松 60°后，再用扭矩扳手重新拧紧，使两线重合，测得此时的扭矩应在 $0.9T_{ch}$～$1.1T_{ch}$ 范围内。T_{ch} 应按下式计算：

$$T_{ch}=KPd \qquad (B.0.5)$$

式中：T_{ch}——高强度螺栓检查扭矩（N·m）；

P——高强度螺栓预拉力设计值（kN）。

4 如果发现有不符合规定的（不合格者），应再扩大一倍检查。如仍有不合格者，则整个节点的高强度螺栓应重新施拧。

5 扭矩检查宜在螺栓终拧 1h 后，48h 之前完成，检查用的扭矩扳手其相对误差应为 ±3%。

B. 0. 6 高强度大六角头螺栓采用转角法施工时，其终拧质量检查应符合下列规定：

1 普查初拧后在螺母与相对位置所画的终拧起始线和终止线之间所夹的角度应达到规定值；

2 终拧转角应按节点数抽查 10%，且不应少于 10 个节点，对于每个被抽查的节点应按螺栓数抽查 10%，且不应少于 2 个螺栓；

3 在螺杆端面（或垫圈）和螺母相对位置画线，然后全部卸松螺母，再按规定的初拧扭矩和终拧角度重新拧紧螺栓，测量终止线与原终止线画线间的夹角，应符合现行行业标准《钢结构高强度螺栓连接技术规程》JGJ 82 的要求，误差在 ±30°以内者为合格；

4 如果发现有不符合规定的，应再扩大一倍检查，如仍有不合格者，则整个节点的高强度螺栓应重新施拧；

5 转角检查宜在螺栓终拧 1h 以后，48h 内完成。

B. 0. 7 高强度螺栓连接摩擦面的抗滑移系数检验应符合下列规定：

1 检验批可按分部工程（子分部工程）所含高强度螺栓用量划分：每 5 万个高强度螺栓用量的钢结构为一批，不足 5 万个高强度螺栓用量的钢结构视为一批。选用两种及两种以上表面处理（含有涂层摩擦面）工艺时，每种处理工艺均需检验抗滑移系数，每批 3 组试件。

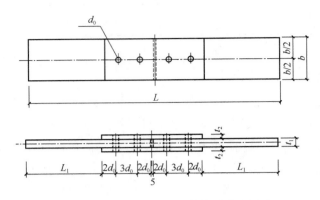

图 B.0.7　抗滑移系数试件的形式和尺寸

注：$2t_2 \geq t_1$；L 为试件总长度；L_1 为试验机加紧长度

2　抗滑移系数试验应采用双摩擦面的二栓拼接的拉力试件（图 B.0.7）。试件与所代表的钢结构构件应为同一材质、同批制作、采用同一摩擦面处理工艺和具有相同的表面状态（含有涂层），在同一环境条件下存放，并应用同批同一性能等级的高强度螺栓连接副。

试件钢板的厚度 t_1、t_2 应考虑在摩擦面滑移之前，试件钢板的净截面始终处于弹性状态；宽度 b 可参照表 B.0.7 规定取值，L_1 应根据试验机夹具的要求确定。

试件板的宽度（mm）　　　　　　　　　　　　　　　　　表 B.0.7

螺栓直径 d	16	20	22	24	27	30
板宽 b	100	100	105	110	120	120

3　试验用的试验机误差应在 1% 以内。试验用的贴有电阻片的高强度螺栓、压力传感器和电阻应变仪应在试验前用试验机进行标定，其误差应在 2% 以内。

4　紧固高强度螺栓应分初拧、终拧。初拧应达到螺栓预拉力标准值的 50% 左右。终拧后，螺栓预拉力应在 $0.95P \sim 1.05P$（P 为高强度螺栓设计预拉力值）范围内。

5　加荷时，应先加 10% 的抗滑移设计荷载值，停 1min 后，再平稳加荷，加荷速度为 3kN/s~5kN/s，直拉至滑动破坏，测得滑移荷载 N_v。

抗滑移系数 μ 应根据试验所测得的滑移荷载 N_v 和螺栓预拉力 P 的实测值，按下式计算。

$$\mu = \frac{N_v}{n_f \cdot \sum_{i=1}^{m} P_i} \tag{B.0.7}$$

式中　N_v——由试验测得的滑移荷载（kN）；

　　　n_f——摩擦面面数，取 $n_f = 2$；

　　$\sum_{i=1}^{m} P_i$——试件滑移一侧高强度螺栓预拉力实测值之和（kN）；

　　　m——试件一侧螺栓数量，取 $m = 2$。

附录 C 金属屋面系统抗风揭性能检测方法

C.0.1 金属屋面系统抗风揭性能检测应符合下列规定：

1 金属屋面系统应包括金属屋面板、底板、支座、保温层、檩条、支架、紧固件等。

2 金属屋面系统抗风揭性能检测应采用实验室模拟静态、动态压力加载法。

3 对于强（台）风地区（基本风压≥0.5kN/m²）的金属屋面和设计要求进行动态风载检测的建筑金属屋面应采用动态风载检测。

4 金属屋面系统抗风揭性能检测应选取金属屋面中具有代表性的典型部位进行检测，被检测屋面系统中的材料、构件加工、安装施工质量等应与实际工程情况一致，并应满足设计要求并符合相应技术标准的规定。

5 金属屋面典型部位的风荷载标准值 w_s 应由设计单位给出，检测单位应根据设计单位给出的风荷载标准值 w_s 进行检测。

C.0.2 金属屋面静态压力抗风揭检测应符合下列规定：

1 检测装置应由测试平台、风源供给系统、压力容器、测量系统及试件系统组成，测试平台的尺寸应为：长度 $L \geq 7320mm$，宽度 $B \geq 3660mm$，高度 $H \geq 1200mm$，检测装置的构成如图 C.0.2 所示。

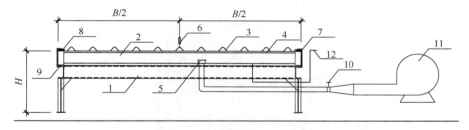

图 C.0.2 抗风揭性能检测装置示意图
1—测试平台；2—压力容器；3—试件系统；4—檩条；5—进风口挡板；6—位移计；
7—固定夹具；8—木方；9—密封环垫；10—压力控制装置；11—供风设备；12—压力计

2 检测装置应满足构件设计受力条件及支撑方式的要求，测试平台结构应具有足够的强度、刚度和整体稳定性能。

3 压力测量系统最大允许误差应为示值的±1‰且不大于 0.1kPa，位移测量系统最大允许测量误差应不应大于满量程的 0.25%，使用前应经过校准。

4 检测步骤应符合以下规定：

　1）从 0 开始，以 0.07kPa/s 加载速度加压到 0.7kPa；

　2）加载至规定压力等级并保持该压力时间 60s，检查试件是否出现破坏或失效；

　3）排除空气卸压回到零位，检查试件是否出现破坏或失效；

　4）重复上述步骤，以每级 0.7kPa 逐级递增作为下一个压力等级，每个压力等级应保持该压力 60s，然后排除空气卸压回到零位，再次检查试件是否出现破坏或失效；

　5）重复测试程序直到试件出现破坏或失效，停止试验并记录破坏前一级压力值。

5 出现以下情况之一应判定为试件的破坏或失效，破坏或失效的前一级压力值应为

抗风揭压力值 w_u。

1）试件不能保持整体完整，板面出现破裂、裂开、裂纹、断裂一级鉴定固定件的脱落；

2）板面撕裂或掀起及板面连接破坏；

3）固定部位出现脱落、分离或松动；

4）固定件出现断裂、分离或破坏；

5）试件出现影响使用功能的破坏或失效（如影响使用功能的永久变形等）；

6）设计规定的其他破坏或失效。

6　检测结果的合格判定应符合下列规定：

$$K = w_u / w_s \geqslant 2.0 \qquad (C.0.2)$$

式中：K 为抗风揭系数；w_s 为风荷载标准值；w_u 为抗风揭压力值。

C.0.3　金属屋面动态压力抗风揭检测应符合下列规定：

1　动态风荷载检测装置应由试验箱体、风压提供装置、控制设备及测量装置组成（图 C.0.3-1）。试验箱体不小于 3.5m×7.0m，应能承受至少 20kPa 的压差。

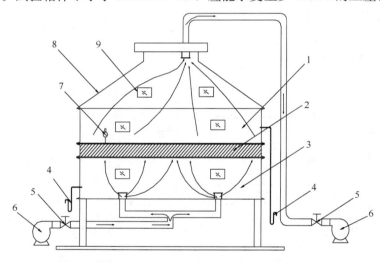

图 C.0.3-1　动态风载检测装置示意

1—上部压力箱；2—试件及安装框架；3—下部压力箱；4—压力测量装置；
5—压力控制装置；6—供风设备；7—位移测量装置；8—集流罩；9—观察窗

2　差压传感器精度应达到示值的 1%，测量响应速度应满足波动加压测量的要求，位移计的精度应达到满量程的 0.25%。

3　动态风荷载检测应取 1.4 倍风荷载标准值，即 $w_d = 1.4 w_s$。

4　检测步骤应符合下列规定：

1）对试件下部压力箱施加稳定正压，同时向上部压力箱施加波动的负压，待下部箱体压力稳定，且上部箱体波动压力达到对应值后，开始记录波动次数。

2）波动负压范围应为负压最大值乘以其对应阶段的比例系数，波动负压范围和波动次数应符合表 C.0.3 的规定。

3）波动压力差周期为 10s±2s，如图 C.0.3-2 所示。

波动加压顺序　　　　　　　　　　　　　　　表 C.0.3

		1	2	3	4	5	6	7	8
第一阶段	加压顺序	1	2	3	4	5	6	7	8
	加压比例 w_d(100%)	0~12.5	0~25.0	0~37.5	0~50.0	12.5~25.0	12.5~37.5	12.5~50.0	25.0~50.0
	循环次数	400	700	200	50	400	400	25	25
第二阶段	加压顺序	1	2	3	4	5	6	7	8
	加压比例 w_d(100%)	0	0~31.2	0~46.9	0~62.5		15.6~46.9	15.6~62.5	31.2~62.5
	循环次数	0	500	150	50		350	25	25
第三阶段	加压顺序	1	2	3	4	5	6	7	8
	加压比例 w_d(100%)	0	0~37.5	0~56.2	0~75.0		18.8~56.2	18.8~75.0	37.5~75.0
	循环次数	0	250	150	50	0	300	25	25
第四阶段	加压顺序	1	2	3	4	5	6	7	8
	加压比例 w_d(100%)	0	0~43.8	0~65.6	0~87.5	0	21.9~65.6	21.9~87.5	43.8~87.5
	循环次数	0	250	100	50	0	50	25	25
第五阶段	加压顺序	1	2	3	4	5	6	7	8
	加压比例 w_d(100%)	0	0~50.0	0~75.0	0~100.0	0	0	25.0~100.0	50.0~100.0
	循环次数	0	200	100	50	0	0	25	25

 5 动态风荷载检测一个周期次数为 5000 次，检测不应小于一个周期。出现以下情况之一为应判定为试件的破坏或失效：

  1）试件与安装框架的连接部分发生松动和脱离；

  2）面板与支承体系的连接发生失效；

  3）试件面板产生裂纹和分离；

  4）其他部件发生断裂、分离以及任何贯穿性开口；

  5）设计规定的其他破坏或失效。

 6 检测结果的合格判定应符合下列规定：

  1）动态风荷载检测结束，试件未失效；

  2）继续进行静态风荷载检测至其破坏失效，且应满足下式要求。

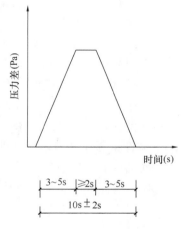

图 C.0.3-2　一个周期波动
压力示意图

$$K = w_u/w_s \geqslant 1.6 \qquad (C.0.3)$$

式中：K 为抗风揭系数；w_s 为风荷载标准值；w_u 为抗风揭压力值。

附录 D　防腐涂装工艺评定

D.0.1　试件和涂料应符合下列规定：

 1 钢板试件尺寸可为长 1000mm、宽 500mm，试件应平整且没有变形。

2 试件所使用的涂料信息和作用可按表 D.0.1 格式进行记录。

涂料信息   表 D.0.1

产品名称及作用	颜色	固化剂批号	基料批号	稀释剂比例（%）

D.0.2 涂装环境和评定条件应符合下列规定：

1 涂装时环境信息可按表 D.0.2 的格式进行记录。

涂装环境信息   表 D.0.2

项目	时间	干湿	环境温度	相对湿度	试件温度	露点温度	晴天	多云	阴天	雨	风力
底漆											
中间封闭漆											
面漆											

2 出现下列情况之一，不宜进行油漆类涂装工艺评定：

1） 环境温度低于 5℃ 或高于 38℃；

2） 相对湿度大于 85%，钢材表面温度低于露点以上 3℃；

3） 室外涂漆，有雾、霜，下雨，下雪，大风；

4） 试样受潮及该状态将持续；

5） 试样有油、水和异物存在；

6） 超过规定的涂装间隔和使用涂料超过了规定的使用时间；

7） 涂料在未稀释、混合、搅拌前发现涂料有异常；

8） 钢材表面未处理或未达到规定的标准要求。

D.0.3 试件钢板涂装前表面处理应符合下列规定：

1 气割、剪切、机加工后的自由边锐角均应打磨至 2mm 的圆角；

2 钢材表面应无可见的油脂和油污；

3 钢材表面外观质量、除锈等级应符合设计要求和本标准的规定，钢材表面粗糙度宜控制在 $40\mu m \sim 80\mu m$。

D.0.4 涂装作业应符合下列规定：

1 涂装工艺参数应按照涂料产品说明书的要求选用。

2 钢材表面除锈后，不同涂层间间隔时间应按照产品说明书的要求确定，且应满足下列要求：

1） 采用涂料防腐时，表面除锈处理后宜在 4h 之内进行涂装；

2） 采用金属热喷涂防腐时，钢结构表面处理与热喷涂施工的间隔时间，晴天或湿度不大的气候条件下不应超过 12h，雨天、潮湿、有盐雾的气候条件下不应超过 2h。

涂装作业信息可按表 D.0.4-1 和表 D.0.4-2 的格式进行记录。

涂装作业信息（一） 表 D.0.4-1

喷涂方法				油漆混合方法		喷涂状况		
无气	有气	辊涂	刷涂	机械	人工	泵型号	压缩比	输出压力

涂装作业信息（二） 表 D.0.4-2

涂刷道数	间隔时间	涂层厚度

D.0.5 涂层外观质量评定应符合下列规定：

1 涂层表面应平整、颜色均匀一致，不应有明显的缺陷。

2 每道油漆类涂层应检查表面缺陷，检查结果可按表 D.0.5 格式进行记录。

3 金属热喷涂涂层的外观应均匀一致，涂层不得有气孔、裸露母材的斑点、附着不牢的金属熔融颗粒、裂纹或影响使用寿命的其他缺陷。

油漆类涂层表面缺陷检查记录 表 D.0.5

缺陷	缺陷现象	检查记录
颜色游离	涂料中混合数种颜料比重轻者上浮使表面形成不规则的斑点	
白化	涂膜发白成混浊状	
刷痕	随着毛刷刷行方向留下凹凸刷痕	
吐色	底层漆颜色为上层溶化渗透出面漆	
剥离	上层涂料溶剂浸透底漆产生剥离现象	
针孔	涂面有针状小孔	
橘子皮	涂面橘子皮状凸凹	
起泡	混入涂料中之空气留在涂膜中形成气泡	
皱纹	涂面产生皱纹状的缩收	
干燥不良	超过规定时间涂膜仍未干燥	
回黏	已干的涂膜再呈现黏性的现象	
其他		

D.0.6 涂层厚度评定应符合下列规定：

1 每个试板面检测 5 处，每处为间隔 5cm 的三个点的平均值作为该处的漆膜厚度，可按表 D.0.6 的格式进行记录。

2 5 处的总平均值不得低于设计值的 90%，且最低值不得低于设计值的 80%。

涂层厚度记录 表 D.0.6

设计要求	测点 1		测点 2		测点 3		测点 4		测点 5		总平均值
	单个	平均	单个	平均	单个	平均	单个	平均	单个	平均	

D.0.7 涂层性能评定应符合下列规定：

1 油漆类涂层附着力测试应执行现行国家标准《色漆和清漆 拉开法附着力试验》

GB/T 5210 或《色漆和清漆　漆膜的划格法试验》GB/T 9286 的规定，测试结果符合下列规定：

　　1） 涂层与钢材的附着力不应低于 5MPa（拉开法）或不低于 1 级（划格法）；

　　2） 各道涂层和涂层之间的附着力不应低于 3MPa（拉开法）或不低于 1 级（划格法）；

　　3） 用于外露钢结构时，各道涂层和涂层之间的附着力不应低于 5MPa（拉开法）或不低于 1 级（划格法）。

　　2 金属热喷涂涂层结合强度应执行现行国家标准《热喷涂　金属和其他无机覆盖　锌、层、铝及其合金》GB/T 9793 的有关规定，测试结果应满足设计要求。

附录 E　厚涂型防火涂料涂层厚度测定方法

E.0.1 测针与测试图应符合下列规定：

　　1 测针（厚度测量仪）由针杆和可滑动的圆盘组成，圆盘始终保持与针杆垂直，并在其上装有固定装置，圆盘直径不大于 30mm，以保证完全接触被测试件的表面。如果厚度测量仪不易插入测试材料中，也可使用其他适宜的方法测试。

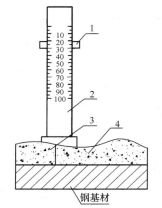

图 E.0.1　测厚度示意图
1—标尺；2—刻度；3—测针；4—防火层

　　2 测试时，将测厚探针（图 E.0.1）垂直插入防火涂层直至钢基材表面上，记录标尺读数。

E.0.2 测点选定应符合下列规定：

　　1 楼板和防火墙的防火涂层厚度测定，可选两相邻纵、横轴线相交中的面积为一个单元，在其对角线上，按每米长度选一点进行测试。

　　2 全钢框架结构的梁和柱的防火涂层厚度测定，在构件长度内每隔 3m 取一截面，按图 E.0.2 所示位置测试。

　　3 桁架结构，上弦和下弦按第 2 条的规定每隔 3m 取一截面检测，其他腹杆每根取一截面检测。

E.0.3 对于楼板和墙面，在所选择的面积中，至少测出 5 个点；对于梁和柱在所选择的位置中，分别测出 6 个和 8 个点。分别计算出这些测量结果的平均值，精确到 0.5mm。

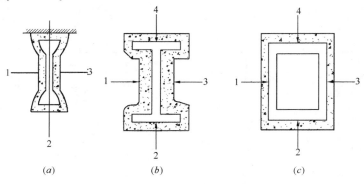

图 E.0.2　测点示意图
（a）Ⅰ字梁；（b）Ⅰ形柱；（c）方形柱

附录 F　钢结构工程有关安全及功能的检验和见证检测项目

项次	项　目		基本要求	检验方法及要求
1	见证取样送样检测	钢材复验	1. 由监理工程师或业主方代表见证取样送样； 2. 由符合相应要求的检测机构进行检测并出具检测报告	见附录 A
		焊材复验		第4.6.2条
		高强度螺栓连接副复验		见附录 B
		摩擦面抗滑移系数试验		见附录 B
		金属屋面系统抗风能力试验		见附录 C
2	焊缝无损探伤检测	施工单位自检	由施工单位具有相应要求的检测人员或由其委托的具有相应要求的检测机构进行检测	第5.2.4条
		第三方监检	由业主或其代表委托的具有相应要求的独立第三方检测机构进行检测并出具检测报告	一级焊缝按不少于被检测焊缝处数的20%抽检；二级焊缝按不少于被检测焊缝处数的5%抽检
3	现场见证检测	焊缝外观质量	1. 由监理工程师或业主方代表指定抽样样本，见证检测过程； 2. 由施工单位质检人员或由其委托的检测机构进行检测	第5.2.7条
		焊缝尺寸		第5.2.8条
		高强度螺栓终拧质量　大六角头型		第6.3.3条
		扭剪型		第6.3.4条
		基础和支座安装　单层、多高层		第10.2.1条
		空间结构		第11.2.1条
		钢材表面处理		第13.2.1条
		涂料附着力		第13.2.6条
		防腐涂层厚度		第13.2.3条
		防火涂层厚度		第13.4.3条
		主要构件安装精度　柱		第10.3.4条
		梁与桁架		第10.4.2条
		主体结构整体尺寸　单层、多高层		第10.9.1条
		空间结构		第11.3.1条

附录 G　钢结构工程有关观感质量检查项目

钢结构分部（子分部）工程观感质量检查项目　　　　表 G.0.1

项次	项　目	抽检数量	检验方法及要求	备注
1	防腐、防火涂层表面	随机抽查3个轴线结构构件	第13.2.7条、第13.2.8条	
2	防火涂层表面	随机抽查3个轴线结构构件	第13.4.4条、第13.4.6条	
3	压型金属板表面	随机抽查3个轴线间压型金属板表面	第12.3.9条	
4	钢平台、钢梯、钢栏杆	随机抽查10%	连接牢固，无明显外观缺陷	

附录 H 钢结构分项工程检验批质量验收记录表

钢结构分项工程检验批质量验收应按表 H.0.1～表 H.0.15 进行记录。

钢结构（钢构件焊接）分项工程检验批质量验收记录 编号： **表 H.0.1**

单位（子单位）工程名称			分部（子分部）工程名称		分项工程名称	
施工单位			项目负责人		检验批容量	
分包单位			分包单位项目负责人		检验批部位	
施工依据				验收依据		

		验收项目	设计要求及标准规定	最小/实际抽样数量	检查记录	检查结果
主控项目	1	焊接材料进场	第4.6.1条			
	2	焊接材料复验	第4.6.2条			
	3	材料匹配	第5.2.1条			
	4	焊工证书	第5.2.2条			
	5	焊接工艺评定	第5.2.3条			
	6	内部缺陷	第5.2.4条、第5.2.5条			
	7	组合焊缝尺寸	第5.2.6条			
一般项目	1	焊接材料进场	第4.6.5条			
	2	预热和后热处理	第5.2.9条			
	3	焊缝外观质量	第5.2.7条			
	4	焊缝外观尺寸偏差	第5.2.8条			

施工单位检查结果	专业工长： 项目专业质量检查员： 年 月 日
监理单位验收结论	专业监理工程师： 年 月 日

钢结构（焊钉焊接）分项工程检验批质量验收记录　　编号：　　**表 H.0.2**

单位（子单位）工程名称		分部（子分部）工程名称		分项工程名称	
施工单位		项目负责人		检验批容量	
分包单位		分包单位项目负责人		检验批部位	
施工依据			验收依据		

		验收项目	设计要求及规范规定	最小/实际抽样数量	检查记录	检查结果
主控项目	1	焊接材料复验	第4.6.2条			
	2	焊接工艺评定	第5.3.1条			
	3	焊后弯曲试验	第5.3.2条			
一般项目	1	焊钉和瓷环尺寸	第4.6.3条			
	2	焊钉材料进场	第4.6.4条			
	3	焊缝外观质量	第5.3.3条			

施工单位检查结果	专业工长： 项目专业质量检查员： 年　月　日
监理单位验收结论	专业监理工程师： 年　月　日

147

钢结构（普通紧固件连接）分项工程检验批质量验收记录 编号： **表 H.0.3**

单位（子单位）工程名称		分部（子分部）工程名称		分项工程名称	
施工单位		项目负责人		检验批容量	
分包单位		分包单位项目负责人		检验批部位	
施工依据			验收依据		

		验收项目	设计要求及规范规定	最小/实际抽样数量	检查记录	检查结果
主控项目	1	成品进场	第4.7.1条			
	2	螺栓实物复验	第6.2.1条			
	3	匹配及间距	第6.2.2条			
一般项目	1	螺栓紧固	第6.2.3条			
	2	外观质量	第6.2.4条			
施工单位检查结果			专业工长： 项目专业质量检查员： 年 月 日			
监理单位验收结论			专业监理工程师： 年 月 日			

钢结构（高强度螺栓连接）分项工程检验批质量验收记录　　编号：　**表 H.0.4**

单位（子单位）工程名称			分部（子分部）工程名称		分项工程名称	
施工单位			项目负责人		检验批容量	
分包单位			分包单位项目负责人		检验批部位	
施工依据				验收依据		

		验收项目	设计要求及规范规定	最小/实际抽样数量	检查记录	检查结果
主控项目	1	成品进场	第4.7.1条			
	2	扭矩系数或轴力复验	第4.7.2条			
	3	抗滑移系数试验	第6.3.1条、第6.3.2条			
	4	终拧扭矩	第6.3.3条、第6.3.4条			
一般项目	1	成品包装	第4.7.5条			
	2	表面硬度试验	第4.7.6条			
	3	镀层厚度	第4.7.4条			
	4	初拧、复拧扭矩	第6.3.5条			
	5	连接外观质量	第6.3.6条			
	6	摩擦面外观	第6.3.7条			
	7	扩孔	第6.3.8条			
施工单位检查结果			专业工长： 项目专业质量检查员： 年　月　日			
监理单位验收结论			专业监理工程师： 年　月　日			

钢结构（零件及部件加工）分项工程检验批质量验收记录 编号： **表 H.0.5**

单位（子单位）工程名称			分部（子分部）工程名称		分项工程名称	
施工单位			项目负责人		检验批容量	
分包单位			分包单位项目负责人		检验批部位	
施工依据				验收依据		

		验收项目	设计要求及规范规定	最小/实际抽样数量	检查记录	检查结果
主控项目	1	材料进场	第4.2.1条 第4.3.1条 第4.4.1条			
	2	钢材复验	第4.2.2条 第4.3.2条 第4.4.2条			
	3	切面质量	第7.2.1条			
	4	矫正和成型	第7.3.1条 第7.3.2条			
	5	边缘加工	第7.4.1条			
	6	螺栓球、焊接球加工	第7.5.1条 第7.5.4条			
	7	制孔	第7.7.1条			
	8	节点探伤	第7.6.1条			
一般项目	1	材料规格尺寸	第4.2.3条 第4.3.4条 第4.4.3条			
	2	钢材表面质量	第4.2.5条 第4.3.5条 第4.4.4条 第4.4.5条 第7.6.2条 第7.6.6条			
	3	切割精度	第7.2.2条 第7.2.3条			
	4	矫正质量	第7.3.3条 第7.3.4条 第7.3.5条 第7.3.6条 第7.3.7条 第7.6.5条			
	5	边缘加工精度	第7.4.2条 第7.4.3条 第7.4.4条			
	6	螺栓球、焊接球加工精度	第7.5.7条 第7.5.9条			
	7	管件加工精度	第7.2.4条			
	8	制孔精度	第7.6.3条 第7.7.2条			
施工单位检查结果				专业工长： 项目专业质量检查员： 　　　　　年　月　日		
监理单位验收结论				专业监理工程师： 　　　　　年　月　日		

钢结构（构件组装）分项工程检验批质量验收记录　编号：　　　表 H.0.6

单位（子单位）工程名称			分部（子分部）工程名称			分项工程名称		
施工单位			项目负责人			检验批容量		
分包单位			分包单位项目负责人			检验批部位		
施工依据					验收依据			

		验收项目	设计要求及规范规定	最小/实际抽样数量	检查记录	检查结果
主控项目	1	拼接对接焊缝	第8.2.1条			
	2	吊车梁（桁架）	第8.3.1条			
	3	端部铣平精度	第8.4.1条			
	4	外形尺寸	第8.5.1条			
一般项目	1	焊接H型钢组装精度	第8.3.2条			
	2	焊接组装精度	第8.3.3条			
	3	顶紧接触面	第8.4.2条			
	4	轴线交点错位	第8.3.4条			
	5	铣平面保护	第8.4.3条			
	6	外形尺寸	第8.5.2条～8.5.9条			

施工单位检查结果	专业工长： 项目专业质量检查员： 年　月　日
监理单位验收结论	专业监理工程师： 年　月　日

钢结构（预拼装）分项工程检验批质量验收记录 编号： **表 H.0.7**

单位（子单位）工程名称		分部（子分部）工程名称		分项工程名称	
施工单位		项目负责人		检验批容量	
分包单位		分包单位项目负责人		检验批部位	
施工依据			验收依据		

主控项目		验收项目	设计要求及规范规定	最小/实际抽样数量	检查记录	检查结果
主控项目	1	多层板叠螺栓孔	第9.2.1条			
	2	仿真模拟	第9.3.1条			
一般项目	1	实体预拼装精度	第9.2.2条 第9.2.3条			
	2	仿真模拟	第9.3.2条			

施工单位检查结果	专业工长： 项目专业质量检查员： 年 月 日
监理单位验收结论	专业监理工程师： 年 月 日

钢结构（单层结构安装）分项工程检验批质量验收记录 编号： **表 H.0.8**

单位（子单位）工程名称			分部（子分部）工程名称		分项工程名称	
施工单位			项目负责人		检验批容量	
分包单位			分包单位项目负责人		检验批部位	
施工依据				验收依据		

		验收项目	设计要求及规范规定	最小/实际抽样数量	检查记录	检查结果
主控项目	1	基础验收	第10.2.1条 第10.2.2条 第10.2.3条 第10.2.4条			
	2	构件验收	第10.3.1条 第10.4.1条 第10.5.1条 第10.7.1条			
	3	顶紧接触面	第10.3.2条			
	4	垂直度和侧向弯曲	第10.4.2条			
	5	构件对接节点偏差	第10.5.2条			
	6	平台等安装精度	第10.8.2条			
	7	主体结构尺寸	第10.9.1条			
一般项目	1	地脚螺栓精度	第10.2.6条			
	2	标记	第10.3.3条			
	3	屋架、桁架、梁安装精度	第10.4.3条 第10.4.5条			
	4	钢柱安装精度	第10.3.4条			
	5	吊车梁安装精度	第10.4.4条			
	6	檩条等安装精度	第10.7.3条			
	7	现场组对精度	第10.3.5条			
	8	结构表面	第10.3.6条			

施工单位检查结果	专业工长： 项目专业质量检查员： 年　月　日
监理单位验收结论	专业监理工程师： 年　月　日

钢结构（多层及高层结构安装）分项工程检验批质量验收记录 编号： **表 H.0.9**

单位（子单位）工程名称			分部（子分部）工程名称			分项工程名称	
施工单位			项目负责人			检验批容量	
分包单位			分包单位项目负责人			检验批部位	
施工依据				验收依据			

		验收项目	设计要求及规范规定	最小/实际抽样数量	检查记录	检查结果
主控项目	1	基础验收	第10.2.1条 第10.2.2条 第10.2.3条 第10.2.4条			
	2	构件验收	第10.3.1条 第10.4.1条 第10.5.1条 第10.6.1条 第10.7.1条 第10.8.1条			
	3	钢柱安装精度	第10.3.4条			
	4	顶紧接触面	第10.3.2条			
	5	垂直度和侧弯曲	第10.4.2条			
	6	构件对接面精度	第10.5.2条			
	7	同一层标高偏差	第10.5.3条			
	8	剪力墙错边	第10.6.2条			
	9	平台等安装精度	第10.8.2条			
	10	主体结构尺寸	第10.9.1条			
一般项目	1	地脚螺栓精度	第10.2.6条			
	2	标记	第10.3.3条			
	3	构件安装精度	第10.3.4条 第10.4.3条 第10.5.4条 第10.5.5条			
	4	主体结构高度	第10.9.2条			
	5	吊车梁安装精度	第10.4.4条			
	6	钢梁安装精度	第10.4.5条			
	7	檩条等安装精度	第10.7.3条			
	8	现场组对精度	第10.5.5条			
	9	结构表面	第10.3.6条			

施工单位检查结果	专业工长： 项目专业质量检查员： 年 月 日
监理单位验收结论	专业监理工程师： 年 月 日

钢结构（网架结构安装）分项工程检验批质量验收记录　编号：　　表 H. 0. 10

单位（子单位）工程名称		分部（子分部）工程名称		分项工程名称	
施工单位		项目负责人		检验批容量	
分包单位		分包单位项目负责人		检验批部位	
施工依据			验收依据		

		验收项目	设计要求及规范规定	最小/实际抽样数量	检查记录	检查结果
主控项目	1	焊接球	第 4.8.3 条 第 7.5.5 条			
	2	螺栓球	第 4.8.1 条 第 7.5.1 条			
	3	封板、锥头、套筒	第 4.8.2 条 第 7.5.2 条			
	4	橡胶垫	第 4.12.1 条			
	5	基础验收	第 11.2.1 条			
	6	支座	第 11.2.1 条 第 11.2.2 条			
	7	结构挠度	第 11.3.1 条			
一般项目	1	焊接球精度	第 7.5.8 条 第 7.5.9 条			
	2	螺栓球精度	第 7.5.7 条			
	3	螺栓球螺纹精度	第 7.5.6 条			
	4	锚栓精度	第 11.2.3 条			
	5	拼装精度	第 11.3.3 条 第 11.3.4 条			
	6	结构表面	第 11.3.6 条			
	7	安装精度	第 11.3.5 条			

施工单位检查结果	专业工长： 项目专业质量检查员： 　　　　　　　　年　月　日
监理单位验收结论	专业监理工程师： 　　　　　　　　年　月　日

钢结构（钢管桁架结构）分项工程检验批质量验收记录 编号： 表 H.0.11

单位（子单位）工程名称			分部（子分部）工程名称			分项工程名称	
施工单位			项目负责人			检验批容量	
分包单位			分包单位项目负责人			检验批部位	
施工依据					验收依据		

		验收项目	设计要求及规范规定	最小/实际抽样数量	检查记录	检查结果
主控项目	1	成品进场	第4.3.1条 第4.3.2条 第11.4.1条			
	2	相贯节点焊缝	第11.4.2条			
	3	表面质量	第11.4.3条			
	4	钢管对接焊缝	第11.4.4条			
	5	对接与拼接	第8.2.1条			
	6	吊车桁架组装	第8.3.1条			
	7	钢构件外形尺寸	第8.5.1条 第11.2.2条			
	8	安装精度	第10.4.1条 第10.4.2条			
一般项目	1	成品外形尺寸	第4.3.3条 第4.3.4条			
	2	成品表面外观质量	第4.3.5条			
	3	相贯连接的钢管杆件切割	第7.2.4条			
	4	矫正和成型	第7.3.4条 第7.3.5条 第7.3.7条 第7.3.8条			
	5	对接与拼接	第8.2.5条 第8.2.6条 第11.4.5条			
	6	相互搭接	第11.4.6条			
	7	组装精度	第8.3.4条			
	8	钢构件外形尺寸	第8.5.2条 第8.5.6条 第8.5.7条			
	9	钢构件预拼装精度	第9.2.3条			
	10	安装精度	第10.4.3条 第10.7.3条			
施工单位检查结果			专业工长： 项目专业质量检查员： 年 月 日			
监理单位验收结论			专业监理工程师： 年 月 日			

构（预应力索杆及膜结构）分项工程检验批质量验收记录 编号： 表 H.0.12

		单位（子单位）工程名称		分部（子分部）工程名称			分项工程名称	
		施工单位		项目负责人			检验批容量	
		分包单位		分包单位项目负责人			检验批部位	
		施工依据			验收依据			
		验收项目	设计要求及规范规定	最小/实际抽样数量		检查记录		检查结果
主控项目	1	成品进场	第4.5.1条第4.12.1条					
	2	膜材材料	第4.10.1条					
	3	索杆制作	第11.5.1条					
	4	膜单元制作	第11.6.1条					
	5	索杆安装	第11.7.1条					
	6	膜结构安装	第11.8.1条					
一般项目	1	拉索材料	第4.5.4条					
	2	索杆制作	第11.5.5条					
	3	膜材制作	第11.6.3条					
	4	索杆安装	第11.7.3条					
	5	膜结构安装	第11.8.4条					
施工单位检查结果						专业工长：项目专业质量检查员：年 月 日		
监理单位验收结论						专业监理工程师：年 月 日		

钢结构（压型金属板）分项工程检验批质量验收记录 编号： 表 H.0.13

	单位（子单位）工程名称			分部（子分部）工程名称		分项工程名称	
	施工单位			项目负责人		检验批容量	
	分包单位			分包单位项目负责人		检验批部位	
	施工依据				验收依据		

		验收项目	设计要求及规范规定	最小/实际抽样数量	检查记录	检查结果
主控项目	1	压型金属板进场	第4.9.1条 第4.9.2条			
	2	固定支架、紧固件及其他材料进场	第4.9.3条 第4.9.4条			
	3	压型金属板基板裂纹	第12.2.1条			
	4	压型金属板涂层缺陷	第12.2.2条			
	5	压型金属板现场安装	第12.3.1条 第12.3.2条 第12.3.3条			
	6	压型金属板搭接	第12.3.4条			
	7	楼承板端部锚固	第12.3.5条			
	8	楼承板侧向搭接	第12.3.6条			
	9	压型金属板造型	第12.3.7条			
	10	固定支架安装	第12.4.1条			
	11	连接构造	第12.5.1条			
	12	搭接及节点	第12.5.2条			
	13	防雨及排水构造	第12.6.1条			
	14	抗风性能检测	第12.6.2条			
一般项目	1	压型金属板精度	第4.9.5条			
	2	固定支架、紧固件及其他材料外观	第4.9.6条 第4.9.7条 第4.9.8条			
	3	压型金属板制作精度	第12.2.3条 第12.2.4条			
	4	压型金属板表面质量	第12.2.5条			
	5	压型金属板安装及连接外观	第12.3.9条 第12.3.10条			
	6	压型金属板安装精度	第12.3.11条			
	7	固定支架安装外观	第12.4.3条			
	8	构造节点安装外观	第12.5.3条			
	9	保温隔热防水等材料	第12.6.3条			

施工单位检查结果	专业工长： 项目专业质量检查员： 年 月 日
监理单位验收结论	专业监理工程师： 年 月 日

158

钢结构（防腐涂料涂装）分项工程检验批质量验收记录 编号： 表 H.0.14

单位（子单位）工程名称			分部（子分部）工程名称		分项工程名称	
施工单位			项目负责人		检验批容量	
分包单位			分包单位项目负责人		检验批部位	
施工依据				验收依据		

		验收项目	设计要求及规范规定	最小/实际抽样数量	检查记录	检查结果
主控项目	1	产品进场	第 4.11.1 条			
	2	表面处理	第 13.2.1 条 第 13.3.2 条 第 13.3.3 条			
	3	涂层厚度	第 13.2.2 条 第 13.2.3 条 第 13.2.4 条 第 13.3.1 条 第 13.3.4 条			
一般项目	1	产品进场	第 4.11.3 条			
	2	表面质量	第 13.2.7 条 第 13.2.8 条 第 13.3.5 条			
	3	附着力测试	第 13.2.6 条			
	4	标志	第 13.2.9 条			

施工单位检查结果	
	专业工长： 项目专业质量检查员： 年 月 日
监理单位验收结论	
	专业监理工程师： 年 月 日

钢结构（防火涂料涂装）分项工程检验批质量验收记录 编号： **表 H.0.15**

<table>
<tr><td colspan="2">单位（子单位）
工程名称</td><td></td><td colspan="2">分部（子分部）
工程名称</td><td></td><td>分项工程
名称</td><td></td></tr>
<tr><td colspan="2">施工单位</td><td></td><td colspan="2">项目负责人</td><td></td><td>检验批容量</td><td></td></tr>
<tr><td colspan="2">分包单位</td><td></td><td colspan="2">分包单位项目
负责人</td><td></td><td>检验批部位</td><td></td></tr>
<tr><td colspan="2">施工依据</td><td></td><td colspan="3">验收依据</td><td></td><td></td></tr>
<tr><td colspan="2">验收项目</td><td>设计要求及
规范规定</td><td>最小/实际
抽样数量</td><td colspan="3">检查记录</td><td>检查
结果</td></tr>
<tr><td rowspan="5">主控项目</td><td>1</td><td>产品进场</td><td>第4.11.2条</td><td></td><td colspan="3"></td><td></td></tr>
<tr><td>2</td><td>涂装基层验收</td><td>第13.4.1条</td><td></td><td colspan="3"></td><td></td></tr>
<tr><td>3</td><td>强度试验</td><td>第13.4.2条</td><td></td><td colspan="3"></td><td></td></tr>
<tr><td>4</td><td>涂层厚度</td><td>第13.4.3条</td><td></td><td colspan="3"></td><td></td></tr>
<tr><td>5</td><td>表面裂纹</td><td>第13.4.4条</td><td></td><td colspan="3"></td><td></td></tr>
<tr><td rowspan="3">一般项目</td><td>1</td><td>产品进场</td><td>第4.11.3条</td><td></td><td colspan="3"></td><td></td></tr>
<tr><td>2</td><td>基层表面</td><td>第13.4.5条</td><td></td><td colspan="3"></td><td></td></tr>
<tr><td>3</td><td>涂层表面质量</td><td>第13.4.6条</td><td></td><td colspan="3"></td><td></td></tr>
<tr><td colspan="2">施工单位
检查结果</td><td colspan="6">专业工长：
项目专业质量检查员：
年 月 日</td></tr>
<tr><td colspan="2">监理单位
验收结论</td><td colspan="6">专业监理工程师：
年 月 日</td></tr>
</table>

160

附录 J　钢结构工程计量方法

J.0.1 钢结构构件分类应符合下列规定：

　　1 钢结构柱指由柱底板底部开始至顶部，由工厂制作完成的部分，梁间柱长度原则上取梁间净距；

　　2 钢结构梁指与柱或与梁连接的横向构件，包括悬臂梁等构件；

　　3 钢结构支撑指垂直支撑、水平支撑等支撑构件；

　　4 钢结构楼梯指楼梯板、楼梯梁以及楼梯平台。

J.0.2 钢结构设计量计算应符合下列规定：

　　1 型钢、管材、索杆等应按规格、形状、尺寸分类，算出设计长度后乘以其产品标准规定的单位质量为设计量；

　　2 钢板、钢带、压型钢板等板材应按规格、厚度分类，根据设计尺寸算出面积（或体积）后乘以其产品标准规定的单位质量为设计量；

　　3 紧固件（螺栓）、栓钉等应根据设计文件按规格、形状、尺寸分类确定个数（套数）或换算其质量（个数乘以单位质量）为设计量；

　　4 高强度螺栓连接副应根据设计文件按规格分类确定套数；高强度大六角头螺栓连接副由1个螺栓、1个螺母和2个垫圈组成，扭剪型高强度螺栓连接副由1个螺栓、1个螺母和1个垫圈组成；

　　5 焊缝设计量应根据设计文件所要求的焊缝尺寸计算熔敷金属量来确定；

　　6 节点钢板应按设计尺寸来计算其面积，对于不规则或多边形钢板可取其外接矩形面积来计算；

　　7 对螺栓孔、坡口、扇形切角以及梁柱连接间隙等不应扣除；开孔面积小于0.1m² 的设备管道开口也不应扣除。

J.0.3 工程量计算应符合下列规定：

　　1 钢结构工程量应为设计量乘以损耗调整系数取得，损耗调整系数按照表J.0.3执行。

　　2 复杂结构钢材的损耗调整系数可由合同双方根据实际情况协商确定。

　　3 计算数值应保留两位小数位，数字尾数可按四舍五入取舍。

损耗调整系数　　　　表 J.0.3

种　类	调整系数	备　注
钢板、钢带	1.06	焊接球除外
型钢、钢管、索杆	1.05	—
焊缝	1.03	—
紧固件（螺栓）、地脚螺栓、栓钉	1.03	—
压型钢板	1.05	—
连接节点	1.02	—

J.0.4 钢结构防护涂装工程量计算应符合下列规定：

1 防腐涂装工程量应取钢结构构件表面积，螺栓、构件切口、重叠部位及开孔面积小于 0.1m² 不予扣除；

2 防火涂料工程量应按设计文件要求的涂层厚度中心线计算其面积；当采用超薄层防火涂料时，可取钢结构构件表面积，构件连接部位、设备孔补强等引起的缺损量不大于 0.5m² 时，可不予扣除；

3 涂装工程量也可按照合同约定，采用合适的统计或系数的简易算法。

第二部分　编　制　概　况

1　规　范　编　制　背　景

随着我国建筑业的快速发展，将新的成熟的技术纳入标准规范，是企业发展科技成果的总结，推而广之也可以促成国家施工技术水平进一步提高，同时也对保证工程质量起着至关重要的作用。

在修订过程中，编制组进行了广泛的调查研究，总结了国家标准《钢结构工程施工质量验收规范》GB 50205—2001 实施以来的工程实践经验，开展了多项专题研究，参考和借鉴了国内外相关的技术标准，结合国家标准《建筑工程施工质量验收统一标准》GB 50300 修订工作，同步进行了全面修订和完善，并以多种方式广泛征求了有关单位和专家的意见，对主要意见和问题进行了论证和修改，最后经审查定稿。

2　标准编写任务来源

根据住房和城乡建设部《关于印发〈2010 年工程建设标准规范制订、修订计划〉的通知》（建标〔2010〕43 号文）要求，由中冶建筑研究总院有限公司（原冶金工业部建筑研究总院）主编、组织其他有关单位共同对现行国家标准《钢结构工程施工质量验收规范》GB 50205（以下简称《标准》）进行修订。

3　标准编写过程、相关标准协调及征求意见处理简介

3.1　前期调研和编制修订组成立

《标准》在启动会前，由中冶建筑研究总院有限公司负责组成《标准》编制组，召开专题会议，就标准修订工作的指导思想、内容、主要技术重点难点、与其他相关规范、标准的协调性等问题进行讨论，制定修订大纲。大家一致认为此次标准修订对我国钢结构发展有着非常重要的作用和积极的意义，如何适应我国国情，体现行业技术创新，注重与国际接轨等问题都是本标准修订过程中需要探索和解决的，行业和市场对本标准期望很高，亟需标准的早日出台。

2011 年 2 月 25 日，《标准》修订组成立会议在北京召开，住房和城乡建设部标准定额司的领导，主编单位中冶建筑研究总院有限公司的领导以及《标准》编制组全体成员和顾问组成员出席了会议，住房和城乡建设部标准定额司领导代表主管部门介绍了国家标准修订的有关规定，从标准的重要性及标准在技术依据、政策及行政监管等方面的作用，全

面阐述了本次《标准》修订的重要意义，同时对修订工作提出了几方面的具体要求：（1）在国家相关法律法规的指导下，按规定、按程序开展修订工作；（2）把握标准内容的科学、严谨、可靠和可行性，在深入调研的基础上，将科技新成果谨慎地纳入到标准中，同时考虑与其他相关规范、标准的协调性；（3）通过多种渠道（包括互联网）广泛征求意见，从而确保标准的基础性、公正性和权威性；（4）在保证质量的前提下加快进度，主编单位应及时上报各阶段工作信息，参编单位应积极配合主编单位的管理，主动承担各项任务以及编制费用。

住房和城乡建设部标准定额司领导宣布了修订组成员名单。

标准的主编单位：中冶建筑研究总院有限公司

参编单位为：国家钢结构工程技术研究中心、中冶京诚工程技术有限公司、清华大学、长江精工钢结构（集团）股份有限公司、中建钢构有限公司、杭萧钢构股份有限公司、宝钢钢构有限公司、江苏沪宁钢机股份有限公司、上海宝冶集团有限公司、中国京冶工程技术有限公司、北京远达国际工程管理咨询有限公司、北方赤晓组合房屋（廊坊）有限公司、上海中远川崎重工钢结构有限公司、中国二十二冶集团有限公司金属结构工程分公司、浙江东南网架股份有限公司、中建一局钢结构工程有限公司、北京市机械施工有限公司、多维联合集团有限公司、云南昆钢钢结构有限公司、河南鼎力钢结构检测有限公司、深圳市生富钢结构检测科技有限公司、江阴大桥（北京）工程有限公司、湖北精诚钢结构股份有限公司。

3.2　首次工作会议和编制大纲

2011年2月25日，修订组召开了第一次工作会议，受主编单位委托，修订组组长代表修订组介绍修订组筹建及第一次工作会议准备工作，并详细介绍了《标准》修订工作大纲（讨论稿）。随后，修订组全体成员学习了有关标准化的文件，主要包括工程建设国家标准管理办法和《工程建设标准编制指南》；然后，对本标准修订内容、需重点研究和解决的主要技术问题等进行了深入、细致的讨论和研究，就本次修订工作大纲（讨论稿）充分交换了意见，经过修改后定稿；最后，与会代表一致通过会议所形成的会议纪要。

3.3　编制工作会议

（1）专题研讨会

2011年7月1日，《标准》修订组第二次工作会议在北京召开，主编单位与参编单位各章节负责人及参编人参加了会议。会议由标准修订组组长主持，会上介绍了修订组第一次工作会议后所做的工作。按照修订工作大纲的进度要求，各章节负责人对第一次工作会议后所做的主要工作进行了汇报，并对所负责章节提出了编写纲要、以及存在问题，进行了充分讨论，对各章节编制形成了一致意见。

为了更好地支撑《标准》相关条文编制，标准组设立了4个研究专题：

1)"材料复检"的专题调研；

2)"详图设计以及工程计量"的专题调研；

3)"冷成型加工"的专题调研；

4)"金属屋面检测"的专题调研。

（2）征求意见稿汇稿会

2012 年 2 月 9 日至 11 日，《标准》修订组第三次工作会议召开，主编单位与参编单位各章节负责人及参编人参加了会议，修订组还特别邀请了中国钢结构协会专家委员会名誉主任陈禄如参加会议。会议的主要内容是：①近期编写和修订的与钢结构有关的国家、地方和行业标准规范介绍；②《标准》专题调研工作汇报；③《标准》章节及条文修订过程中遇到的问题讨论；④征求意见稿初稿汇总。

会上，中国钢结构协会专家委员会名誉主任陈禄如首先介绍了《钢结构制造技术规程》的编写过程和主要内容；中建钢构有限公司介绍了《钢结构工程施工规范》的主要内容；中冶建筑研究总院有限公司介绍了《钢结构焊接规范》《钢结构高强度螺栓连接技术规程》；中冶京诚工程技术有限公司介绍《钢结构设计规范》的主要修订内容。

宝钢钢构有限公司作了"日本建筑工程量计算标准"的专题调研汇报；中冶建筑研究总院有限公司作了"材料复检"、"冷成型加工"和"金属屋面检测"的专题调研汇报。

按照修订工作大纲的进度要求，各章节负责人对第二次工作会议后所做的主要工作进行了汇报，并对所负责章节及条文的编写情况以及存在问题，进行了充分讨论。

（3）征求意见稿定稿会

2012 年 8 月 22、23 日，《标准》修订组第四次工作会议在杭州召开，主编单位与参编单位各章节负责人及参编人参加了会议。本次会议的主要内容是：1）近期编写和修订的与钢结构有关的国家、地方和行业标准规范的征求意见稿和审定稿介绍；2）《标准》征求意见讨论稿，按章节及条文进行了讨论。重点讨论了：①强制性条文；②新增章节；③新增条款；④新增附录。侧重讨论新增加条款的必要性、依据可靠性、可操作性，和条款内容"文字表达"协调统一；3）征求意见讨论稿的修改。

3.4 征求意见

在反复讨论修改的基础上，2013 年 5 月完成修改后的征求意见讨论稿形成征求意见稿，起草征求意见函，拟定征求意见范围，并将《标准》征求意见稿、征求意见函、征求意见范围等文件上传住房和城乡建设部国家工程建设标准化信息网并开始网上征求意见，同时给企业和专家邮寄纸版征求意见稿征求意见，截至 2013 年 8 月 15 日，共收到企业和专家回复 58 份，回复意见 900 余条。

3.5 征求意见处理会

2013 年 9 月 27 至 29 日，《标准》修订组第五次工作会议在北京召开，主编单位与参编单位各章节负责人及参编人参加了会议。本次会议的主要内容是：（1）《标准》征求意见稿的意见处理；（2）《标准》修订组下一步工作安排。

会上，针对《标准》意见汇总稿的意见，按征求意见稿章节条文逐条进行了讨论。就意见汇总稿中提出的增加或删减章节某些内容、修改条文句子等的修改建议是否采纳，采纳和不采纳的依据、理由等进行了充分的讨论，最终达成一致意见。

3.6 送审稿

2013 年 12 月 22 日，《标准》修订组第六次工作会议在杭州召开，主编单位与参编单位各章节负责人及参编人参加了会议。会议的主要内容是：《钢结构工程施工质量验收标准》送审稿定稿。

会上，按送审稿章节逐节进行了讨论。就送审稿中章节内容、经修改的条文、数据取值、复验项目等条文修改的是否合适、修改的依据、理由等进行了充分的讨论，最终达成一致意见，形成送审稿。

4 开展专题论证、调研、试验测试验证情况

4.1 原材料进场复验

国家标准《钢结构工程施工质量验收规范》GB 50205—2001 对原材料，特别是钢材、焊材、涂装材料等主要材料没有明确复验批次和数量，在规范实施期间，给设计、施工以及监理等各方面带来了很多问题。在本次修订工作中，针对国内工程中材料复验的执行情况，特别是重点工程（北京奥运工程、上海世博会工程、广州亚运工程以及国内其他有影响的标志性钢结构工程）进行了专题调查研究。在保证工程安全度的情况下，制订了安全可靠，同时具有可操作性的原材料复验要求。原材料进场复验专题是由中冶建筑研究总院有限公司牵头负责完成。

4.2 详图设计以及工程计量

目前，在设计单位和施工单位之间一直存在对钢结构详图设计的责任、图纸深度等管理规定模糊不清，而且，钢结构工程计量也没有一个统一的标准，从而导致施工单位与业主结算的不确定性。本次修订工作中进行了专题研究，在参考预算定额及国际上通常做法的基础上，对钢结构工程详图设计和工程计量提出了一个指导性的管理规定。详图设计以及工程计量专题是由宝钢钢构有限公司牵头负责完成。

4.3 冷成型加工

冷弯型钢、冷成型焊接圆钢管、冷成型方矩管等高效截面的型材在钢结构工程中越来越多地被采用，特别是大跨度管结构也大都采用了冷弯曲成型工艺。因此，在本次修订工作中，针对钢材的冷成型加工进行了专题调研，在总结国内工程的经验基础上，参考了相关标准的要求，在规范中增加和完善了有关钢材冷成型加工方面的具体要求和管理规定。冷成型加工专题由中冶建筑研究总院牵头，云南昆钢钢结构有限公司、北京多维联合集团香河钢结构有限公司和浙江东南网架股份有限公司负责完成。

4.4 压型金属板工程及抗风性能检测

目前，在钢结构工程中，尤其是大跨度钢结构建筑中，越来越多地采用轻质环保压型金属屋面。但是，金属屋面的耐久性、防水性以及抗风能力都还有很多待改进的地方，特别是关于屋面系统抗风揭问题，目前国内还没有成熟的设计与检测标准。在本次修订工作中，针对金属屋面体系进行了专题研究，并参考了相关标准及重大工程的管理规定，在新标准中增加了相应的验收、检测内容。该专题由中冶建筑研究总院牵头负责完成。

5 征求意见及处理情况简介

2013 年 5 月完成了征求意见稿，起草了征求意见函，确定了征求意见的范围。征求意见的企业和专家主要由中国钢结构制造企业特级资质及一级资质的 73 家企业及中国钢结构协会专家委员会的 81 位专家组成，同时在国家工程建设标准化信息网上征求意见。截至 2013 年 8 月 15 日，共收到回复 62 份，回复意见 900 余条。其中整体意见 10 余条，章节条文意见 700 余条，其他意见 180 余条。主编单位在认真整理、逐条梳理反馈意见之后，召开了征求意见处理会。

2013 年 9 月 27 至 29 日《规范》修订组召开了意见处理会，会上针对《标准》意见汇总稿的意见，按《标准》章节逐条进行了讨论。就意见汇总稿中提出的增加或删减章节某些内容、修改条文句子等修改建议是否采纳，采纳和不采纳的依据、理由等进行了充分的讨论，最终达成一致意见，修改出送审稿初稿。

6 审查意见和结论

2014 年 6 月 16 日《标准》（送审稿）审查会在北京召开。会议有住房和城乡建设部建筑工程质量标准化技术委员会、住房和城乡建设部标准定额司、标准定额研究所等领导专家出席了会议并对标准的审查提出了具体要求。会议成立了由 15 位专家组成的审查委员会。出席会议的还有科研、设计、施工、监理等方面的专家、代表及标准编制组全体成员 45 人。

审查委员会听取了《标准》编制组对编制过程、主要技术内容、征求意见反馈情况的汇报，对《规范》（送审稿）的内容进行了逐条审查充分讨论，审查委员会认为《规范》内容全面、主要技术指标设置合理，具有创新性、实用性和可操作性，达到国际先进水平。最后，审查会议专家对标准形成了审查意见及《标准》（送审稿）主要修改意见建议。

会议一致同意通过《标准》（送审稿）审查。建议编制组按审查会议的意见和建议对送审稿进一步修改和完善，尽快形成报批稿上报主管部门审批。

7 强制性条文的审查

按照有关程序，《标准》编制组将（报批稿）的强制性条文报送住房和城乡建设部强制性条文协调委员会进行审查。经过强制性条文协调委员会函审查，对《标准》（报批稿）的强制性条文提出了建议和意见，《标准》编制组对所提意见，进行了认真的讨论并进行修改。最终，强制性条文协调委员会对修改后的强制性条文一致通过。

第三部分 欧盟（英国）标准钢结构施工偏差

依据 EN1092-2（Execution of Steel Structure and Aluminium Structure Part2：Technical Requirement for Steel Structure）.

essential tolerance：基本要求的偏差，满足计算分析的最低要求。

functional tolerance：功能性要求的偏差，满足结构或构件使用的要求，比基本要求的偏差值要更严。

1 基本要求的制作偏差（essential tolerance）

1.1 型钢容许制造偏差的基本要求（见表 3-1-1）

型钢容许制造偏差的基本要求（essential tolerance）　　　　　　表 3-1-1

编号	细　则	参　数	允许偏差
1		h	$\Delta > -h/50$
2		b_1，b_2	$\Delta > -b/50$ $b = b_1$ 或 b_2
3		非加劲构件腹板垂直度	$-h/200 < \Delta < h/200$

编号	细　则	参　数	允许偏差
4		板件面外变形	$-b/200 < \Delta < b/200$（$b/t < 80$） $-b^2/16000t < \Delta < b^2/16000t$ （$80 < b/t < 200$） $-b/80 < \Delta < b/80$（$b/t > 200$） t 为板件厚度
		腹板扭曲	$-L/100 < \Delta < L/100$ L 表示测区长度 $L = b$
		腹板波浪变形	$-b/100 < \Delta < b/100$ L 表示测区长度 $L = b$
5		翼缘扭曲	$-b/150 < \Delta < b/150$（$b/t < 20$） $-b^2/3000t < \Delta < b^2/3000t$（$b/t > 20$） t 为翼缘厚度 1 表示测区长度 b
		翼缘挠曲	$-b/150 < \Delta < b/150$（$b/t < 20$） $-b^2/3000t < \Delta < b^2/3000t$（$b/t > 20$） t 为翼缘厚度 1 表示测区长度 b
		翼缘平直度	$-L/750 < \Delta < L/750$ 1 表示测区长度 b

编号	细　　则	参　　数	允许偏差
6		加劲肋面内平直度	$-b/250 < \Delta < b/250$
		加劲肋面外平直度	$-b/500 < \Delta < b/500$
		加劲肋实际位置与设计位置偏差	$-5\text{mm} < \Delta < 5\text{mm}$（非支座处） $-3\text{mm} < \Delta < 3\text{mm}$（支座处）
		加劲肋偏心	$-t_w/2 < \Delta < t_w/2$（非支座处） $-t_w/3 < \Delta < t_w/3$（支座处）

1.2　螺栓孔容许制造偏差的基本要求（见表 3-1-2）

螺栓孔容许制造偏差的基本要求（essential tolerance）　　　　表 3-1-2

编号	细　　则	参　　数	允许偏差
1		螺栓孔实际位置与 设计位置偏差	$-2\text{mm} < \Delta < 2\text{mm}$
2		螺栓孔与边缘距离偏差	$0 < \Delta < 2\text{mm}$

续表

编号	细　　则	参　数	允许偏差
3		螺栓孔群实际位置与设计位置偏差	$-2\text{mm}<\Delta<2\text{mm}$

1.3 格构构件（桁架）容许制造偏差的基本要求(见表 3-1-3)

格构构件（桁架）容许制造偏差的基本要求（essential tolerance） 表 3-1-3

编号	细　　则	参　数	允许偏差
1		a 实际曲线 b 设计曲线	$-L/500\text{mm}<\Delta<L/500$ 且 $-L_1/750\text{mm}<\Delta<L_1/750$ L_1 为对应节点处单根杆件长度

1.4 圆钢管容许制造偏差的基本要求(见表 3-1-4)

圆钢管容许制造偏差的基本要求（essential tolerance） 表 3-1-4

编号	细　　则	参　数	允许偏差
1	 A. 扁平率 B. 不对称	圆钢管制造偏差计算如下： $$\Delta = \frac{(d_{max}-d_{min})}{d_{nom}}$$	$-0.014<\Delta<0.014\,(d<0.5\text{m})$ $-[0.007+0.00963(1.25-d)]$ $<\Delta<[0.007+0.00963(1.25$ $-d)](0.5\text{m}<d<1.25\text{m})$ $-0.007<\Delta<0.007(d>1.25\text{m})$

171

编号	细　则	参　数	允许偏差
2		管壁对接焊 中心不重合 $t=(t_1+t_2)/2$ $\Delta e_{tot}-e_{int}$	$-0.14t<\Delta<0.14t$ 且 $-2mm<\Delta<2mm$
3		长度方向，管壁凹凸 $L=4(rt)^{0.5}$	$-0.006L<\Delta<0.006L$
		环向，管壁凹凸 $L=2,3(h^2rt)^{0.25}L\leqslant r$ h 为钢管轴向长度	$-0.006L<\Delta<0.006L$

2　功能性要求的制造偏差(functional tolerance)

2.1　型钢容许制造误的功能性要求偏差(见表 3-2-1)

型钢容许制造偏差的功能性要求（functional tolerance）　　表 3-2-1

编号	细　则	参　数	允许偏差
1		h	$-2mm<\Delta<2mm(h<900mm)$ $-h/450<\Delta<h/450(900mm<h<1800mm)$ $-4mm<\Delta<4mm(h>1800mm)$

2 功能性要求的制造偏差（functional tolerance）

编号	细 则	参 数	允许偏差
2		$b_1 b_2$	$\Delta > -b/100$ 且 $-2mm < \Delta < 2mm$
3		腹板偏心	$-4mm < \Delta < 4mm$（一般情况） $-2mm < \Delta < 2mm$（翼缘有支承）
4		翼缘转动变形	$-b/100 < \Delta < b/100$ 或 $-3mm < \Delta < 3mm$ （一般情况） $-b/400 < \Delta < b/400$（翼缘有支承）
5		翼缘平整度	$-b/150 < \Delta < b/150$ 或 $-2mm < \Delta < 2mm$ （一般情况） $-b/400 < \Delta < b/400$（翼缘有支承）
6		非加劲构件腹板垂直度	$-h/500 < \Delta < h/500$ 或 $-2mm < \Delta < 2mm$

编号	细　　则	参　　数	允许偏差
7		板件面外变形	$-b/150<\Delta<b/150(b/t<80)$ 或 $-3\text{mm}<\Delta<3\text{mm}$
		腹板扭曲	$-L/150<\Delta<L/150$ 或 $-3\text{mm}<\Delta<3\text{mm}$ L 表示测区长度 $L=b$
		腹板波浪变形	$-L/150<\Delta<L/150$ 或 $-3\text{mm}<\Delta<3\text{mm}$ L 表示测区长度 $L=b$
8		翼缘扭曲	$-b/150<\Delta<b/150$ 1 表示测区长度 b
		翼缘挠曲	$-b/150<\Delta<b/150$ 1 表示测区长度 b
		翼缘平直度	$-L/1000<\Delta<L/1000$

编号	细 则	参 数	允许偏差
9		加劲肋面内平直度	$-b/375<\Delta<b/375$ 或 $-2\text{mm}<\Delta<2\text{mm}$
		加劲肋面外平直度	$-b/750<\Delta<b/750$ 或 $-2\text{mm}<\Delta<2\text{mm}$
		加劲肋实际位置与设计位置偏差	$-3\text{mm}<\Delta<3\text{mm}$（非支座处） $-2\text{mm}<\Delta<2\text{mm}$（支座处）
		加劲肋偏心	$-t_\text{w}/3<\Delta<t_\text{w}/3$（非支座处） $-t_\text{w}/4<\Delta<t_\text{w}/4$（支座处）
10		长度偏差	$-(L/10000+2)\text{mm}<\Delta<$ $(L/10000+2)\text{mm}$（一般情况） $-1\text{mm}<\Delta<1\text{mm}$（端部承压时）
		平直度	$-L/750<\Delta<L/750$ 或 $-3\text{mm}<\Delta<3\text{mm}$

编号	细 则	参 数	允许偏差
11		曲率	$-L/1000<\Delta<L/1000$ 或 $-4\text{mm}<\Delta<4\text{mm}$
12		接触承压端面 凹凸平整度	$-0.25\text{mm}<\Delta<0.25\text{mm}$
13		端部垂度	$-D/1000<\Delta<D/1000$（端部承压时） $-D/300<\Delta<D/300$ 或 $-10\text{mm}<\Delta<10\text{mm}$（端部非承压时）
14		扭转变形	$-L/1000<\Delta<L/1000$ 或 $3\text{mm}<|\Delta|<15\text{mm}$

2.2 螺栓、槽口和切割边缘孔容许制造误的功能性要求偏差（见表 3-2-2）

螺栓、槽口和切割边缘孔容许制造偏差的功能性要求（functional tolerance） 表 3-2-2

编号	细 则	参 数	允许偏差
1		螺栓孔实际位置与 设计位置偏差	$-1\text{mm}<\Delta<1\text{mm}$
2		螺栓孔与边缘 距离偏差	$0<\Delta<2\text{mm}$

2 功能性要求的制造偏差（functional tolerance）

编号	细　则	参　数	允许偏差
3		螺栓孔群实际位置与设计位置偏差	$-1mm<\Delta<1mm$
4		螺栓孔群间距	$-2mm<\Delta<2mm$（一般情况） $-1mm<\Delta<1mm$（拼接盖板）
5		栓孔群扭转	$-1mm<\Delta<1mm(h<1000mm)$ $-2mm<\Delta<2mm(h>1000mm)$
6		栓孔圆度 $\Delta=L_1-L_2$	$-0.5mm<\Delta<0.5mm$
7		槽口的长度和深度偏差	$0<\Delta<2mm$
8		切割边缘的垂度	$-0.05t<\Delta<0.05t$

2.3　柱拼接和柱脚底板容许制造误差的功能性要求偏差（见表 3-2-3）

柱拼接和柱脚底板容许制造偏差的功能性要求（functional tolerance）　　　表 3-2-3

编号	细　　则	参　　数	允许偏差
1		非设计柱拼接偏心	$-3mm < e < 3mm$
2		非设计柱脚底板偏心	$-3mm < e < 3mm$

2.4　格构构件（桁架）容许制造误差的功能性要求偏差（见表 3-2-4）

格构构件（桁架）容许制造偏差的功能性要求（functional tolerance）　　　表 3-2-4

编号	细　　则	参　　数	允许偏差
1		a 实际曲线 b 设计曲线	$-L/500mm < \Delta < L/500$ 或 $-6mm < \Delta < 6mm$

编号	细　　则	参　　数	允许偏差
2		节点间距 P 的偏差	$-3\text{mm}<\Delta<3\text{mm}$
		累积节点间距 ΣP 偏差	$-6\text{mm}<\Delta<6\text{mm}$
		桁架杆件平直度	$-L_1/1000<\Delta<L_1/1000$ 或 $-3\text{mm}<\Delta<3\text{mm}$
3		横截面尺寸偏差 $s=D$ 或 W 或 X	$-2\text{mm}<\Delta<2\text{mm}\ (s<300\text{mm})$ $-4\text{mm}<\Delta<4\text{mm}\ (300\text{mm}<s<1000\text{mm})$ $-6\text{mm}<\Delta<6\text{mm}\ (s>1000\text{mm})$
4		杆件偏心	$-(B/40+3)\text{mm}<\Delta<(B/40+3)\text{mm}$
5		节点杆件间距，$g>t_1+t_2$，t_1 和 t_2 为杆件壁厚	$-3\text{mm}<\Delta<3\text{mm}$

3 基本要求的安装偏差（essential tolerance）

3.1 柱容许安装偏差的基本要求（见表 3-3-1）

柱容许安装偏差的基本要求 （essential tolerance） 表 3-3-1

编号	细 则	参 数	允许偏差
1		承托吊车梁的柱倾斜度	$-h/1000<\Delta<h/1000$
2		柱平直度	$-h/750<\Delta<h/750$

3.2 梁和受压构件容许安装偏差的基本要求（见表 3-3-2）

梁和受压构件容许安装偏差的基本要求（essential tolerance） 表 3-3-2

编号	细 则	参 数	允许偏差
1	梁的平直度 无约束受压构件平直度	平直度偏差 Δ	$-h/750<\Delta<h/750$

4 功能性要求的安装偏差（functional tolerance）

4.1 柱容许安装偏差的功能性要求（见表 3-4-1）

柱容许安装偏差的功能性要求（functional tolerance）　　　　表 3-4-1

编号	细　则	参　数	允许偏差
1		柱脚与设计 位置偏心偏差	$-5mm<\Delta<5mm$
2		每一行或列的 柱脚位置偏差	$-16mm<\Delta<16mm(L<30m)$ $-0.2(L+50)mm<\Delta<0.2(L+50)mm$ $(30m<L<250m)$ $-0.1(L+350)mm<\Delta<0.1(L+350)mm$ $(L>250m)$ L 单位是米（m）
3		柱间距偏差	$-7mm<\Delta<7mm(L<5m)$ $-0.2(L+30)mm<\Delta<0.2(L+30)mm$ $(L>5m)$
4		柱一般对齐偏差	$-7mm<\Delta<7mm$
5		柱周边对齐偏差	$-7mm<\Delta<7mm$

181

续表

编号	细　则	参　数	允许偏差
6		柱脚到吊车梁标高的倾斜度	$-15mm<\Delta<15mm$
7		柱整体倾斜度	$-h/500<\Delta<h/500$
8		柱平直度	$-h/750<\Delta<h/750$

4.2　建筑物容许安装偏差的功能性要求（见表 3-4-2）

建筑物容许安装偏差的功能性要求（functional tolerance）　　　表 3-4-2

编号	细　则	参数	允许偏差
1		建筑高度偏差	$-10mm<\Delta<10mm(h<20m)$ $-0.25(h+20)mm<\Delta<0.25(h+20)mm$ $(20m<h<100m)$ $-0.1(h+200)mm<\Delta<0.1(h+200)mm$ $(h>100m)$

编号	细　　则	参数	允许偏差
2		层高偏差	$-5\text{mm}<\Delta<5\text{mm}$
3		梁两端标高差	$-L/1000<\Delta<L/1000$ 或 $-5\text{mm}<\Delta<5\text{mm}$
4		非设计柱拼接偏心	$-3\text{mm}<e<3\text{mm}$
5		柱基础标高相对设计值偏差	$-5\text{mm}<\Delta<5\text{mm}$
6		相邻梁同侧末端标高差	$-5\text{mm}<\Delta<5\text{mm}$

编号	细　　则	参数	允许偏差
7		梁柱节点处梁的标高相对设计值偏差	$-5\text{mm}<\Delta<5\text{mm}$

4.3　梁容许安装偏差的功能性要求（见表 3-4-3）

梁容许安装偏差的功能性要求 （functional tolerance）　　表 3-4-3

编号	细　　则	参　数	允许偏差
1		相邻梁间距偏差	$-5\text{mm}<\Delta<5\text{mm}$
2		梁柱连接节点位置偏差	$-3\text{mm}<\Delta<3\text{mm}$
3		梁平直度偏差	$-L/1000<\Delta<L/1000$

5 吊车梁、轨道制造和安装偏差（functional tolerance）

5.1 吊车梁、轨道容许制造和安装偏差的功能性要求（见表 3-5-1）

吊车梁和轨道容许制造和安装偏差的功能性要求（functional tolerance）　　表 3-5-1

编号	细　则	参　数	允许偏差
1		上翼缘平整度，测量标距宽度为 w，w 等于吊车轨道宽度加 20mm	$-1mm < \Delta < 1mm$
2		轨道与腹板间偏心	$-5mm < \Delta < 5mm(t_w < 10mm)$ $-0.5t_w < \Delta < 0.5t_w(t_w > 10mm)$
3		轨道顶面坡度	$-b/100 < \Delta < b/100$
4		轨道接缝顶面高差	$-0.5mm < \Delta < 0.5mm$
5		轨道接缝纵向偏心	$-0.5mm < \Delta < 0.5mm$

5.2 起重机轨道容许安装偏差的功能性要求（见表 3-5-2）

起重机轨道容许安装偏差的功能性要求（functional tolerance） 表 3-5-2

编号	细　则	参　数	允许偏差
1	轨道位置	相对设计位置偏差	$-5mm<\Delta<5mm$
2		轨道平直度	$-1mm<\Delta<1mm$
3	轨道标高	相对设计标高偏差	$-10mm<\Delta<10mm$
4	轨道标高	单位长度标高差	$-L/1000<\Delta<L/1000$ 或 $-10mm<\Delta<10mm$
5		2m 范围内轨道标高变化	$-2mm<\Delta<2mm$
6		平台两侧轨道标高偏差	$-10mm<\Delta<10mm(s<10000mm)$ $-s/1000<\Delta<s/1000(s>10000mm)$
7		轨道间距偏差	$-5mm<\Delta<5mm(s<16m)$ $-[5+(s-16)/4]mm$ $<\Delta<[5+(s-16)/4]mm$ $(s>16m)$
8		轨道终点挡板相对位置差	$-s/1000<\Delta<s/1000$ 或 $-10mm<\Delta<10mm$
9	 $|\Delta|=|N_1-N_2|$ N_1—A_1B_1 倾斜高差 N_2—A_2B_2 倾斜度高差	轨道反向倾斜偏差	$\Delta<L/1000$

6 冷弯薄壁型钢与压型钢板基本要求偏差（essential tolerance）

6.1 冷弯薄壁型钢容许制造偏差的基本要求（见表 3-6-1）

冷弯薄壁型钢容许制造偏差的基本要求（essential tolerance）   表 3-6-1

编号	细 则	参 数	允许偏差
1		A	$\Delta > -A/50$
2		B	$\Delta > -B/80$
3		平直度	$-L/750 < \Delta < L/750$

6.2 压型钢板容许制造偏差的基本要求（见表 3-6-2）。

压型钢板容许制造偏差的基本要求（essential tolerance）   表 3-6-2

编号	细 则	参 数	允许偏差
1		压型钢板平整度	$-b/50 < \Delta < b/50$

编号	细　则	参　数	允许偏差
2		压型板波折曲率	$-b/50<\Delta<b/50$

7　冷弯薄壁型钢与压型钢板功能性要求偏差（functional tolerance）

7.1　冷弯薄壁型钢容许制造偏差的功能性要求（见表 3-7-1）

冷弯薄壁型钢容许制造偏差的功能性要求（functional tolerance）　　表 3-7-1

编号	细　则	参数	允许偏差
1		A	$-2\text{mm}<\Delta<2\text{mm}$（长度<7m，厚度<3mm） $-2\text{mm}<\Delta<4\text{mm}$（长度>7m，厚度<3mm） $-3\text{mm}<\Delta<3\text{mm}$（长度<7m，厚度>3mm） $-3\text{mm}<\Delta<6\text{mm}$（长度>7m，厚度>3mm）
2		B	$-2\text{mm}<\Delta<4\text{mm}$（轧制边缘，厚度<3mm） $-3\text{mm}<\Delta<5\text{mm}$（轧制边缘，厚度>3mm） $-1\text{mm}<\Delta<3\text{mm}$（切割边缘，厚度<3mm） $-2\text{mm}<\Delta<4\text{mm}$（切割边缘，厚度>3mm）
3		凹凸度	$-D/100<\Delta<D/100$

编号	细 则	参数	允许偏差
4		弯曲内径	$-1mm<\Delta<1mm$
5		弯角	$-2°<\Delta<-2°$

7.2 压型钢板容许制造偏差的功能性要求（见表 3-7-2）

压型钢板容许制造偏差的功能性要求（functional tolerance）　　　　表 3-7-2

编号	细 则	参数	允许偏差
1		垂直弯曲度	$-b/100<\Delta<b/100$

7.3 屋面板檩条容许安装偏差的功能性要求（见表 3-7-3）

屋面板檩条容许安装偏差的功能性要求（functional tolerance）　　　　表 3-7-3

编号	细 则	参 数	允许偏差
1		檩条固定位置相对设计值偏差	$-b/10<\Delta<b/10$ 或 $-5mm<\Delta<5mm$
2		檩条平直度偏差（平行屋面板）	$-L/300<\Delta<L/300$

7.4 压型钢板容许安装偏差的功能性要求(见表 3-7-4)

编号	细　则	参　　数	允许偏差
1	压型钢板总宽度	10m 间距内压型钢板总宽度偏差	$-200\text{mm}<\Delta<200\text{mm}$